科技强国科普丛书

新华社记者带你探秘

载人航天

《载人航天》编委会◎编

新华出版社

图书在版编目（CIP）数据

载人航天：新华社记者带你探秘 /《载人航天》编委会编
北京：新华出版社，2021.10
ISBN 978-7-5166-6062-1

Ⅰ．①载… Ⅱ．①载… Ⅲ．①载人航天—普及读物 Ⅳ．① V4-49

中国版本图书馆 CIP 数据核字（2021）第 201370 号

载人航天：新华社记者带你探秘

策　　　划：高广志

责任编辑：张　程　　　　　　　　　　封面设计：华兴嘉誉

出版发行：新华出版社
地　　址：北京石景山区京原路 8 号　　　邮　　编：100040
网　　址：http://www.xinhuapub.com
经　　销：新华书店、新华出版社天猫旗舰店、京东旗舰店及各大网店
购书热线：010-63077122　　　　中国新闻书店购书热线：010-63072012

照　　排：华兴嘉誉
印　　刷：三河市君旺印务有限公司

成品尺寸：200mm × 190mm
印　　张：8.75　　　　　　　　　　字　　数：120 千字
版　　次：2021 年 10 月第一版　　　印　　次：2021 年 10 月第一次印刷

书　　号：ISBN978-7-5166-6062-1
定　　价：36.00 元

前 言

习近平总书记指出：我们比历史上任何时期都更接近中华民族伟大复兴的目标，我们比历史上任何时期都更需要建设世界科技强国！

我国第十四个五年规划和二〇三五年远景目标提出，坚持创新在我国现代化建设全局中的核心地位，把科技自立自强作为国家发展的战略支撑，并进一步提出要深入实施科教兴国战略、人才强国战略、创新驱动发展战略，完善国家创新体系，加快建设科技强国。

20世纪60年代，党和国家就提出"四个现代化"的国家战略，最后一个就是科学技术现代化，现在我们提出全面建设社会主义现代化强国，科学技术从来都是我国实现现代化的重要内容。

科学技术从来没有像今天这样深刻改变着人类的命运。信息、生命、能源、海洋、空间、制造等领域的科技新突破不断涌现，引领行业颠覆性变革。量子科技成为现代社会的基石，量子计算、量子通信、量子测量正掀起"量子革命"，说不定哪一天我们就能实现科幻世界里的"瞬间移动"；月球、火星等新空间探索将人类对广袤宇宙的开发利用推上新高度，说不定哪一天我们就会成为火星上的居民；合成生物学、基因编辑等孕育着新的变革，它究竟会怎样为人类提供更好的健康服务……

党的十八大以来，以习近平同志为核心的党中央坚持把创新作为引领发展的第一动力，经过全社会共同努力，我国科技事业取得历史性成就、发生历史性变革，一些前沿领域已开始进入并跑、领跑阶段。我们在载人航天、嫦娥探月、火星探测、北斗导航、FAST（天眼）、量子信息、5G、铁基超导、超级计算、载人深潜、高速铁路、干细胞、脑科学等许多领域取得重大成果，令人骄傲和自豪，这进一步增强了我们发展高科技、实现高质量发展的信心和决心。

新华社记者几乎见证了我国每一项重大科研成果的发展历程。新华社作为国家通讯社，拥有一批优秀科技新闻报道记者，他们常年活跃在报道第一线，每时每刻都在记录和权威发布我国重大科技创新进展，深度挖掘科技背后的新闻。新华社报道形式多样，综合运用文字、图片、音视频、动漫、H5、VR、创意海报、数据图表、动新闻、轻应用等形式，呈现给受众的是全媒体采集、全媒体发布的新业态。基于这样优质科技报道资源，我们将每一项重大科研成果作为一个选题精编成一本书，陆续推出《新华社记者带你探秘——嫦娥探月》《新华社记者带你探秘——量子科技》《新华社记者带你探秘——天问一号》等 10 余册，当你打开这套丛书时，呈现的也是全媒体业态，既有文字，也有图片，扫描二维码还可以看到相关视频。我们力图将深奥的科学道理通过人们喜闻乐见的方式呈现出来，适合不同年龄段读者阅读。这是一套展示我国最新科技成就的全媒体科普通俗读物。

当今世界正处于百年未有之大变局，中国进入实现"两个一百年"的历史交汇期，我们面临的国际环境日趋复杂，自身发展遇到新挑战，核心技术受制于人的"卡脖子"现象日益突出。这是我国发展必须迈过的"一道坎"。中华民族自古以来就是一个聪明、坚毅、越艰险越向前的民族。我们过去有李四光、钱学森、钱三强、邓稼先等一大批老一辈科学家，新中国成立后又成长了陈景润、黄大年、南仁东等一批杰出科学家，今后一定会涌现像他们一样饱含爱国情怀、充满探索精神的新一代科学家。

核心技术不是一朝一夕就能攻克的，它需要长期积累的基础学科、基础研究作支撑，需要"十年磨一剑"，久久为功，才能不断实现从"0"到"1"的突破。策划这套科技强国科普丛书的目的就是希望加速营造全社会崇尚科学、追逐梦想的浓厚氛围，读者看了这套书，能够引起哪怕一点点对未来世界的好奇，尤其是青少年读者，如果能够点燃你们立志当科学家的梦想，我们就会倍感欣慰。

　　仰望星空，还有多少未知世界等着我们去探索；俯瞰大海，梦想的力量指引我们抵达真理彼岸。

　　我们会不断关注世界和中国科技最前沿的成就，及时编辑成册，不断充实到这套丛书中，以飨读者。

新华出版社副社长　高广志

二〇二一年三月十日

目录
CONTENTS
载人航天

Chapter

01

第一章
载人航天简史

1 中外载人航天史上的那些"第一"

"出发吧！"这是 60 年前的今天，27 岁的苏联宇航员尤里·加加林，在火箭点火升空时发出的豪言壮语。

1961 年 4 月 12 日 9 时 07 分，在哈萨克斯坦拜科努尔航天发射场，加加林乘坐"东方一号"宇宙飞船，在远地点为 301 公里的轨道上绕地球一周，历时 1 小时 48 分钟，于 10 时 55 分安全返回，成为人类进入太空的第一人。

2011 年 4 月 7 日，第 65 届联合国大会通过决议，将每年的 4 月 12 日确定为国际载人航天日。决议说，1961 年 4 月 12 日是加加林实现人类首次太空飞行的日子，这一历史事件为人类的空间探索开辟了新途径。因此联合国大会决定，以后每年 4 月 12 日为国际载人航天日，以庆祝人类空间时代的开始。

1970 年 4 月 24 日，中国成功发射自己的第一颗人造地球卫星"东方红一号"。自 2016 年起，每年的 4 月 24 日被设立为"中

▲ 1961 年 4 月 12 日，苏联把世界上第一个载人的卫星式宇宙飞船"东方号"发射到围绕地球的轨道上。当日，飞船"东方号"在苏联预定的地区顺利着陆。这是历史上第一位宇宙航行员尤里·阿列克谢耶维奇·加加林少校的近照。（塔斯社传真照片 新华社发）

国航天日"。

回顾中外载人航天史上的那些"第一":

1963 年 6 月 16 日,瓦莲京娜·弗·捷列什科娃成为世界上第一位进入太空的女航天员,也是迄今为止唯一独立驾驶飞船升空的女性。1965 年 3 月 18 日,苏联宇航员阿列克谢·列昂诺夫实现了离舱 12 分钟的太空行走,成为首位进行太空行走的宇航员。

1969 年 7 月 20 日"阿波罗 11 号"成功登月,宇航员阿姆斯特朗代表人类首次踏上了地球之外的天体,迈出了他的一小步、人类的一大步。

2003 年 10 月 15 日 9 时,杨利伟搭乘由长征二号 F 火箭运载的神舟五号飞船首次进入太空,历时 21 小时 23 分钟,成功完成我国首次载人航天飞行。自此,中国成为世界上第三个能够独立开展载人航天活动的国家。

▲ 1969 年 7 月 20 日,美国宇航员尼尔·阿姆斯特朗和埃德温·奥尔德林乘"阿波罗 11 号"宇宙飞船首次成功登上月球,实现了人类登上月球的梦想。这是宇航员奥尔德林在月球上行走的资料照片。(新华社发)

　　2008 年 9 月 25 日，翟志刚和刘伯明、景海鹏驾驶神舟七号飞船升空，执行我国首次太空出舱活动任务，9 月 27 日，翟志刚穿着我国自主研制的"飞天"舱外航天服，在刘伯明的协助下打开舱门，迈出了中国人在浩瀚太空中的第一步，中国航天史上的又一个里程碑就此诞生。

　　2012 年 6 月 16 日，神舟九号飞船搭载着景海鹏、刘旺和我国第一位飞天女航天员刘洋，飞向太空。在天宫一号与神舟九号飞船进行了一次自动交会对接后，6 月 24 日，飞船和目标飞行器分离，刘旺操作飞船从 140 米外向天宫一号靠近，取得了首次手控交会对接的成功。这标志着我国成为世界上第三个完全独立自主掌握交会对接技术的国家。

　　2013 年 6 月 11 日，神舟十号飞船搭载聂海胜、张晓光、王亚平 3 名航天员发射升空。在轨飞行期间，航天员王亚平进行了面向全国青少年的中国首次太空授课活动。

② 飞天梦圆——中国载人航天发展之路

◆ "载人航天是当今世界技术最复杂、难度最大的航天工程。"中国空间技术研究院空间站系统总设计师杨宏说，这个领域，代表了一个国家在科技和经济领域的实力

◆ 环顾世界，提出过载人航天计划的国家不少，但几十年来，真正能够实现独立将人类送入太空的国家只有三个。如果说，载人航天是塔尖上的事业，那自主创新就是支撑中国航天人勇敢攀登的天梯

◆ 据不完全统计，在我国近年来的 1000 多种新材料中，80% 是在空间技术的牵引下研制完成的，有 2000 多项空间技术成果已移植到国民经济各部门

载人航天工程

我国载人航天事业，是在改革开放伟大历史进程中决策实施和不断推进的，体现了高端生产力的发展历程。我国已研制出具有完全自主知识产权的神舟系列飞船，先后实现载人往返、太空漫步、航空器与空间站对接，成为能自主进行载人航空的三个国家之一，跻身航天大国之列。载人航天工程为推动国家科技进步和创新发展、提升综合国力、提高民族威望作

出重要贡献。随着未来新一代载人飞船和国家级太空实验室建成，中国人探索太空的脚步会迈得更远、更大。

2020 年 10 月 1 日，我国载人航天工程第三批预备航天员选拔工作正式结束。18 名预备航天员，包括 7 名航天驾驶员、7 名航天飞行工程师以及 4 名载荷专家，将参加中国载人航天工程第三步空间站运营阶段的飞行任务。

随着各项工作紧锣密鼓地展开，中国载人航天迈入"空间站时代"。

1992 年，中国载人航天工程正式启动，并确立了"三步走"的发展战略。第一步，发射载人飞船，建成初步配套的试验性载人飞船工程，开展空间应用实验；第二步，突破航天员出舱活动技术、空间飞行器交会对接技术，发射空间实验室，解决有一定规模的、短期有人照料的空间应用问题；第三步，建造空间站，解决有较大规模的、长期有人照料的空间应用问题。

自此之后，一代代航天人自力更生、接续奋斗，从无人飞行到载人飞行，从一人一天到多人多天，从舱内实验到出舱活动，从单船飞行到组合体稳定运行，先后突破了一大批具有自主知识产权的核心技术，用不到三十年的时间跨越了发达国家半个世纪的发展历程。

国家实力的象征

2003 年 10 月 15 日，中国第一艘载人飞船神舟五号搭载着航天员杨利伟顺利升空。经过 21 小时 23 分钟，在轨运行 14 圈之后，飞船安全着陆。中国也成为世界上第三个能独立将人类送上太空的国家。

　　这是一场跨越多年的旅程。

　　1957 年，苏联第一颗人造卫星开创了人类征服太空的时代。1961 年 4 月 12 日，苏联宇航员尤里·加加林乘坐东方一号飞船进行了人类首次太空飞行。同年 5 月 5 日，美国航天员谢泼德乘坐"自由 7 号"宇宙飞船，在太空停留了 15 分钟，成为人类历史上第二个太空人。

　　面对"两强"在太空领域取得的成就，毛泽东主席为之震惊，他问道："我们怎么能算是强国呢？我们甚至无法把一颗土豆送上太空。"

　　20 世纪 70 年代初，中国开始了载人航天领域的研究。在中国第一颗人造地球卫星东方红一号上天之后，当时的国防部五院院长钱学森提出，中国要搞载人航天。国家当时将这个项目命名为"714 工程"（即于

▲ 神舟五号飞船发射升空。（新华社发）

1971 年 4 月提出），并将飞船命名为"曙光一号"。然而，由于资金技术等多方面限制，项目最终搁置。

此后 20 年，中国空间技术持续发展。特别是 1975 年，中国成功发射并回收了第一颗返回式卫星，使中国成为世界上继美国和苏联之后第三个掌握了卫星回收技术的国家，为中国开展载人航天打下了坚实基础。但即便如此，从中国载人航天工程正式立项，到中国第一位航天员顺利升空，也跨越了整整 11 年时间。

这是一项复杂而艰巨的浩大工程。

从国外载人航天历史上看，有人做过测算，按照所占 GDP 百分比计算，载人航天是有史以来花费最大的工程，超过了金字塔、长城、大教堂以及各时代的奇迹工程。

例如美国的航天飞机，每飞行一次费用高达 5 亿美元，一次维护需要耗资 3 亿～ 4 亿美元。即便以高效经济著称的中国载人航天工程，按照载人航天工程办公室公布的数据，从工程启动到 2005 年完成神舟六号飞船发射，即完成载人航天工程第一步时，工程总花费也达到了约 200 亿元人民币。

这是一份充满风险的伟大事业。"上天"是这个世界上最困难的挑战之一。

载人航天，融汇了诸多现代尖端科技，运载火箭、载人飞船、航天飞机的结构复杂，零部件多达数万个，一个零部件不合格或发生故障，就可能造成事故。

例如，2003 年，由于燃料箱外的一个泡沫碎块意外脱落，美国哥伦比亚号航天飞机在返航途中解体爆炸，7 名宇航员全部遇难。截至目前，已先后有 22 名航天员在人类探索与征服宇宙的道路上献出了宝贵的生命。

"载人航天是当今世界技术最复杂、难度最大的航天工程。"中国空间技术研究院空间站系统总设计师杨宏说，这个领域，代表了一个国家在科技和经济领域的实力。

载人航天也被视为国力竞争中最具代表性的战略性工程之一。一个国家如果能将自己的航天员送入太空，不仅是国力的体现，而且也将在很大程度上提升民众的自豪感，提高民族精神，增强凝聚力。

环顾世界，提出过载人航天计划的国家不少，但几十年来，真正能够实现独立将人类送入太空的国家只有三个。载人航天俱乐部，只有真正的头部玩家才有资格加入。

邓小平曾说："如果六十年代以来中国没有原子弹、氢弹，没有发射卫星，中国就不能叫有重要影响的大国，就没有现在这样的国际地位。"那么在 21 世纪，载人航天就是与之类似的实力代表。

自主创新的典范

2020 年 5 月 8 日，我国新一代载人飞船试验船返回舱成功着陆。

新一代载人飞船试验船身上有着诸多第一：第一次采用新型防热材料，第一次采用国际上推力最大的新型单组元无毒推进系统，第一次采用群伞气动减速和气囊着陆缓冲技术……

"新的防热材料是独立自主研制的，性能在国际上也是领先的。包括再入返回过程用到的'控制'，包括发动机、回收着陆都是国际先进水平。"作为中国载人航天工程飞船系统总设计师，也是新一代载人飞船试验船任务的项目负责人，张柏楠提到这次任务，语气中透出满满的自豪感。

中国航天人当然有资格自豪，因为这一切都是他们凭着自己的努力一点点实现的。

纵观我国航天事业的发展历程，从"巴黎统筹委员会"到《瓦森纳协定》，从《考克斯报告》到"沃尔夫条款"……技术封锁、物资禁运始终相伴。

国际空间站由 16 个国家和地区组织共同建造。在这份长长的名单里，有发达国家也有发展中家，却没有中国。一些国家处心积虑对我国实行严密封锁禁运，企图把中国排除在世界空间站俱乐部之外。

种种现实让中国的航天人清楚地明白一个道理：核心关键技术是换不来也买不到的，中国人发展载人航天事业必须要坚定走好独立发展、自主创新之路。

空间交会对接技术是中国载人航天和组装大型空间站，乃至载人登月的关键技术。其与载人天地往返、出舱活动并称载人航天领域的三大基本技术。曾有人比喻，空间交会对接就好像上面放了一根针，底下用一根线，距离几百公里，最后要拿那个线去穿过那个针眼。难度可想而知！

"两个航天器的机、电、热，各个多专业系统要有机地融为一体，就相当于 1 加 1 还要等于 1。分离的时候，两个航天器还要各自成为独立的飞行器。"杨宏说，交会对接技术是发展载人航天必须攻克的核心技术，只能自主创新，自我突破。

天宫一号与神舟八号交会对接任务是杨宏从神舟飞船走向空间实验室系统研制的一个转

折点。天宫一号作为我国自主研制的全新载人航天器和小型空间站的雏形，要实现长期在轨飞行、完成多次交会对接，是我国建造由中国人自己照料的空间站的基础。

没有成熟的经验可借鉴，没有充分的数据可参考，无法充分验证宇宙中的现实环境，挑战不言而喻。根据天宫一号任务的特点与要求，杨宏带领研制人员关注细节，创新、优化、完善了系统功能，不断改进设计、提高天宫一号的性能，先后攻克了空空通信、高压供电、多回路通风换热等一系列难题，掌握了在轨航天器组合体控制和管理技术、大型密封舱壁板制造技术、精确姿态控制的控制力矩陀螺技术、可补加推进剂的金属膜盒贮箱技术等一大批具有自主知识产权的核心技术。

2011年9月29日，随着酒泉卫星发射中心"点火"指令的发出，在一片烈焰的映照下，天宫一号飞奔寰宇。同年11月3日凌晨，天宫一号与神舟八号的"太空之吻"华丽上演：两个七八吨重的航天器，从相距上万公里的不同轨道，以每秒7.8公里的速度赶赴约会。之后，天宫一号又成功与神舟九号、神舟十号飞船对接，接纳了两个飞行乘组、六名航天员进驻，验证了载人航天器组合体控制等多项空间站关键技术，开展了多项科学实验，为空间站研制奠定了坚实基础。

按照计划，2022年前后，我国自主建设的空间站将建成使用，而据外电报道国际空间站2024年将退役。有些国家转而争取与中国的合作机会。这一变化，再次生动诠释了"只有掌握核心关键技术才有话语权"。

事实证明，在国外的长期技术封锁下，我国载人航天事业逆风起飞，在一代代航天人的刻苦努力下,逐渐发展壮大,走出了一条中国特色的航天强国之路。如果说,载人航天是塔尖上的事业,那自主创新就是支撑中国航天人勇敢攀登的天梯。

牵引发展的利器

在一般人眼里,载人航天很高大上,但实际上,它距离我们并不遥远,其所应用的许多技术早已走进寻常百姓家。

比如航天员在太空骨丢失问题比较严重,相关研究可惠及老年人骨丢失治疗;比如方便面调料中的干菜叶本是航天食品中的脱水菜,现在却成为人们日常生活中的普通食品;比如现代医学界大量应用的重症监护病房,就是源自"阿波罗"登月计划对航天员进行健康检测而诞生的。

载人航天虽然投资巨大,但回报同样不菲。根据美国、欧洲多家研究机构采用不同

▲ 2011年9月29日,中国在酒泉卫星发射中心用长征二号F运载火箭将天宫一号目标飞行器发射升空。(新华社记者 王建民摄)

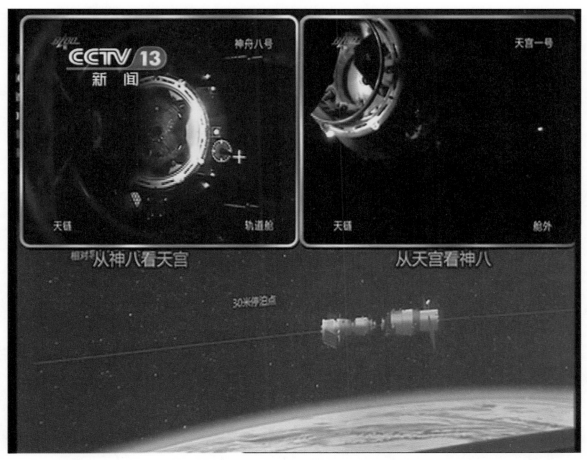

▲ 2011年11月3日凌晨，天宫一号和神舟八号对接锁紧完成。这是天宫一号和神舟八号摄像头拍摄的交会对接瞬间。（新华社发 视频截图）

模型和方法得出的评估结果，航天领域每投入 1 元钱，将会产生 7 元至 12 元的回报。这是由于载人航天是一项系统工程，集中体现了现代科技和工业多个领域的成就。投资载人航天，一定意义上就是同时对多个领域进行投资，其回报也体现在诸多方面。

例如，航天育种是航天技术、生物技术与农业育种技术相结合的育种新途径：利用航天器搭载生物材料在宇宙高能粒子辐射、微重力等空间环境因素的复合作用下，空间诱变产生基因组水平上的变异，返回地面后经过至少 4 代地面选育，筛选出携带新性状的新材料、新种质，最终培育出遗传稳定、品质优良的新品系、新品种。

自神舟一号飞船开始，中国载人航天工程在历次飞行试验中，利用神舟飞船、空间实验室及新一代载人飞船试验船等飞行器的资源余量，组织开展了一系列作物种子和植物材料的空间搭载诱变实验，经过多年的地面选育和科学研究，截至目前，共有超过 200 种航天育种新品种通过国家及省部级评审。据估算，航天育种创造直接经济规模超过 2000 亿元人民币。

从世界其他国家看，俄罗斯和平号空间站在运行的头 10 年里发现了 10 个稀有金属矿和 117 个油脉，其价值远远超过空间站的全部研制和维护费用。

更具意义的回报，则不是能够用金钱衡量的。

载人航天事业是人类历史上最为复杂的系统工程之一，涉及众多高新技术领域，包括近代力学、天文学、地球科学、航天医学、空间科学等学科，以及系统工程、自动控制、计算机、推进技术、通信、遥感、新能源、新材料、微电子、光电子等。这些领域与学科，对推动一个国家科技进步有重大意义。

　　开展载人航天工程，无疑可以在相当程度上带动基础科学研究和材料、电子、机械、化工等方面技术的发展。据不完全统计，在我国近年来的 1000 多种新材料中，80％ 是在空间技术的牵引下研制完成的，有 2000 多项空间技术成果已移植到国民经济各部门。

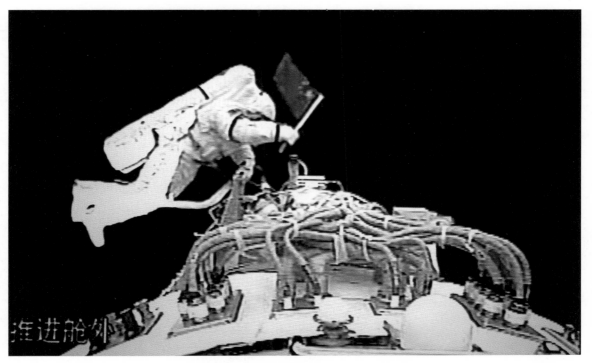

▲ 2008 年 9 月 27 日，执行神舟七号载人航天飞行出舱活动任务的航天员翟志刚出舱后挥动中国国旗（摄于北京航天飞行控制中心大屏幕）。（新华社发）

1970 年，非洲的穷苦国家赞比亚的一名修女给 NASA 写信，因为她无法理解，地球上还有很多孩子需要忍受饥饿的煎熬，为什么美国还要耗费巨大精力把人送到太空上去呢？NASA 科学家恩斯特·史都林格在回信中谈道："实施阿波罗登月计划中掌握的科学知识，同样也可以用于研发在地球上使用的技术，太空探索计划每年都能孕育出大概 1000 项技术革新，所以说那些反对把钱花在太空探索上的人只能劝他们不要把眼光放在鼻尖前面这两厘米的地方。因为没有科技的进步，没有太空的探索，又拿什么来改善民生呢？"

事实证明，虽然"阿波罗"计划投资数百亿美元，但也直接催生并壮大了美国的液体燃料火箭、微波雷达、无线电制导、合成材料、计算机、无线通信等一大批高科技工业群体。后来，更是通过将该计划取得的 4000 余件专利转为民用，带动了美国科技的发展与工业繁荣。

"如今，中国也面临着同样的机遇。"杨宏表示，航天产业包罗众多前沿技术，已经成为一国高技术产业的重要组成部分，不仅服务国防，也在国民经济发展中得到广泛应用，发挥着越来越显著的经济效益。

2022 年前后，中国空间站将正式完成在轨建造任务。届时，中国将在空间站上部署航天医学、空间生命和生物、材料、微重力燃烧和流体、物理、天文等领域的高水平实验设备，科学家可在空间站开展大量空间科学前沿领域的研究工作。

对于其价值，有业内专家指出，在人类历史上，很多重要的科学研究都是在很多年以后才显示出它巨大的价值，短时间内谁也无法做出准确的评估。但是如果现在有这个条件而不去做，将来就会在国与国之间的竞争中陷入被动状态。

　　从更长远的历史维度看，不管是古代人类从非洲向高纬度地区的扩散，还是哥伦布发现新大陆；不管是人类的足迹由陆地走向海洋，还是飞向天空，每次人类突破自己的生存疆域，都必然会带来生活方式的改变、生活质量的提高和经济的飞跃。作为将人类活动空间从陆地、海洋拓展到宇宙空间的载人航天工程，同样不会例外。

燃！盘点中国航天员
这些振奋人心的瞬间

③ 从神舟一号到神舟十二号

　　神舟一号飞船于 1999 年 11 月 20 日在酒泉卫星发射中心发射升空，经过 21 小时的飞行后顺利返回地面。神舟一号飞船的成功发射与回收，标志着我国载人航天技术获得了新的重大突破。

　　神舟二号飞船于 2001 年 1 月 10 日发射升空，飞船返回舱在轨道上飞行 7 天后返回地面。神舟二号飞船是我国第一艘正样无人飞船，飞船技术状态与载人飞船基本一致。

　　神舟三号飞船于 2002 年 3 月 25 日发射升空。飞船搭载了人体代谢模拟装置、拟人生理信号设备以及形体假人，能够定量模拟航天员呼吸和血液循环的重要生理活动参数。神舟三号轨道舱在太空留轨运行 180 多天，成功进行了一系列空间科学实验。

　　神舟四号飞船突破了我国低温发射的历史纪录，于 2002 年 12 月 30 日发射升空。在完成预定空间科学和技术实验任务后，于 2003 年 1 月 5 日在内蒙古中部地区准确着陆。这艘飞船技术状态与载人飞船完全一致。

　　神舟五号飞船作为我国第一艘载人飞船，于 2003 年 10 月 15 日发射升空。航天员杨利伟成为浩瀚太空的第一位中国访客，标志着中国成为世界上第三个能够独立开展载人航天活动的国家。

　　神舟六号飞船于 2005 年 10 月 12 日发射升空，航天员费俊龙、聂海胜被顺利送上太空。10 月 17 日，飞船返回舱顺利着陆。神舟六号飞船进行了我国载人航天工程的首次多人多天飞行试验，完成了我国真正意义上有人参与的空间科学实验。

　　神舟七号飞船于 2008 年 9 月 25 日发射升空，航天员翟志刚、刘伯明、景海鹏顺利飞上太空。9 月 27 日，翟志刚进行了 19 分 35 秒的出舱活动。这标志着中国成为世界上第三个掌握空间出舱活动技术的国家。

▶ 这是 2003 年 10 月 16 日，航天英雄杨利伟出舱。（新华社记者　王建民摄）

◄ 2008 年 9 月 27 日，神舟七号飞船航天员翟志刚在太空出舱。快看，他正向你挥手致意呢。（新华社发）

　　神舟八号飞船是一艘无人飞船，由轨道舱、返回舱和推进舱组成，2011 年 11 月 1 日发射升空，之后，与天宫一号进行了两次空间无人自动交会对接，突破和掌握了自动交会对接技术。

　　神舟九号飞船于 2012 年 6 月 16 日发射升空，执行我国首次载人交会对接任务。航天员景海鹏、刘旺、刘洋顺利进入太空。6 月 24 日，神舟九号航天员成功驾驶飞船与天宫一号目标飞行器对接，这标志着中国成为世界上第三个完整掌握空间交会对接技术的国家。

　　神舟十号飞船于 2013 年 6 月 11 日发射升空。在轨飞行期间，神舟十号与天宫一号进行了一次自动交会对接和一次手控交会对接。航天员聂海胜、张晓光、王亚平在天宫一号开展了一系列空间科学实验和技术试验，并向全国青少年进行太空授课。

► 2013年6月11日，神舟十号飞船在酒泉卫星发射中心发射升空。（新华社记者 李刚摄）

▲ 2013 年 6 月 20 日 10 时许，我国首次太空授课开始。神舟十号航天员在天宫一号开展基础物理实验，展示失重环境下物体运动特性、液体表面张力特性等物理现象。这是聂海胜在悬空打坐。（新华社记者　王永卓摄）

　　神舟十一号飞船于 2016 年 10 月 17 日发射升空。10 月 19 日，神舟十一号与天宫二号自动交会对接成功。航天员景海鹏和陈冬入驻天宫二号空间实验室，进行了为期 30 天的太空驻留生活。

Chapter

02

第二章
中国宇航员

中国人民解放军航天员群体：
为国出征叩苍穹

2021 年 6 月 17 日，神舟十二号载人飞船搭载着 3 名航天员飞向太空。这是继 2016 年神舟十一号任务之后，中国航天员时隔 5 年再赴太空，也是中国人民解放军航天员大队自 1998 年成立后执行的第 7 次载人航天飞行任务。

1998 年 1 月 5 日，来自祖国各地的 14 名优秀飞行员，齐聚北京航天城。面对鲜艳的五星红旗，他们庄严宣誓："我自愿从事载人航天事业，成为航天员是我至上的光荣……"

历史将永远铭记这一天，中国人民解放军航天员大队正式成立了。2010 年 5 月，又有 7 名飞行员光荣地加入这支队伍，成为我国第二批航天员。2018 年 5 月，第三批预备航天员选拔工作启动，经过初选、复选、定选三个阶段，于 2020 年选拔出符合条件的 18 名预备航天员（含 1 名女性），他们经过系统训练后将参加空间站运营阶段各次飞行任务。

20 多年来，中国人民解放军航天员大队全体航天员胸怀强国梦、矢志强军梦、献身航天梦，以九天揽月的雄心壮志和征战太空的超凡本领，先后 14 人次勇闯苍穹，巡游太空 68

▶ 航天员进行电极生理训练。我国于 20 世纪 90 年代在北京建立了航天员培训中心，专门负责中国航天员的选拔和训练，在选训和飞行试验中实施医学监督和医务保障，研制航天服、太空食品和其他个人装备，以便为神舟号系列飞船的载人飞行提供航天员的人力支撑保证。（新华社发 秦宪安摄）

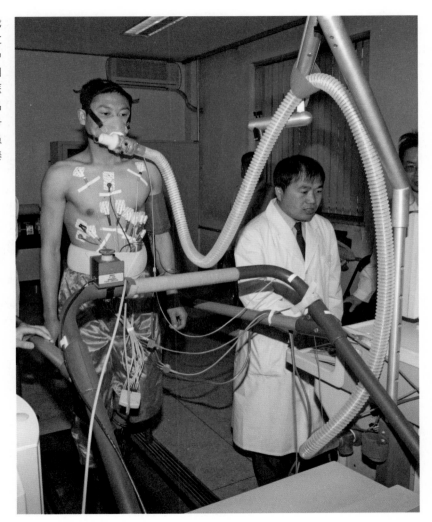

天，行程 4600 余万公里，勇夺 6 次载人飞行任务的全面胜利，为我国载人航天事业作出了卓越贡献，在强国强军的伟大征程中立起了先锋楷模的时代标杆，先后有 3 人获得国家科技进步奖特等奖、4 人获得国家科技进步奖一等奖、1 人获得军队科技进步奖一等奖、1 人当选"100 位新中国成立以来感动中国人物"。11 名航天员被中共中央、国务院、中央军委授予"航天英雄""英雄航天员"荣誉称号，航天员大队被中央军委授予"英雄航天员大队"荣誉称号，1 名航天员荣获"八一勋章"，航天员群体荣获"最美奋斗者""时代楷模"称号。

那是载入中华民族史册的绚烂十月——2003 年 10 月 15 日 9 时，我国第一艘载人飞船神舟五号发射成功，航天员杨利伟成为浩瀚太空的第一位中国访客，中华民族千年飞天梦圆。

10 月 16 日 6 时，太空飞行一天后，神舟五号飞船回到祖国的怀抱，中国人首次飞天活动圆满成功，标志着我国成为世界上第三个掌握载人航天技术的国家。

两年后的又一个金秋——2005 年 10 月 12 日 9 时，神舟六号载人飞船发射成功，航天员费俊龙、聂海胜被顺利送上太空。

第一次进入轨道舱，第一次进行航天医学空间实验研究，第一次进行压力服脱穿试验……神舟六号进行了中国载人航天工程的首次多人多天飞行试验，完成了我国真正意义上有人参与的空间科学实验。

2008 年 9 月 25 日 21 时 10 分，神舟七号载人飞船载着航天员翟志刚、刘伯明、景海鹏飞向太空。27 日 16 时 43 分，翟志刚穿着我国自主研制的"飞天"舱外航天服，在刘伯明的协助下打开舱门，迈出了中国人在浩瀚太空中的第一步，我国从此成为世界上第三个掌握出舱技术的国家。

　　2012 年 6 月 16 日 18 时 37 分，神舟九号载人飞船搭载着景海鹏、刘旺和我国第一位飞天女航天员刘洋飞向太空。6 月 24 日，刘旺操作飞船从 140 米外向天宫一号靠近，取得

▲ 2005 年 10 月 11 日，六位中国航天员在酒泉卫星发射中心航天员公寓——问天阁的一个大厅内集体亮相。由左至右是：翟志刚、吴杰、费俊龙、聂海胜、刘伯明、景海鹏。（新华社记者 赵建伟摄）

了首次手控交会对接的成功，这标志着我国成为世界上第三个完全独立自主掌握交会对接技术的国家。

2013年6月11日17时38分，神舟十号飞船搭载聂海胜、张晓光、王亚平3名航天员发射升空。在轨飞行期间，航天员进行了面向全国青少年的中国首次太空授课活动。

2016年10月17日7时30分，在长征二号F运载火箭托举下，航天员景海鹏、陈冬乘坐神舟十一号飞船从酒泉卫星发射中心飞向太空，并与天宫二号空间实验室成功进行自动交会对接。2名航天员在天宫二号与神舟十一号组合体内驻留30天，完成了一系列空间科学实验和技术试验，创造了中国航天员太空驻留时间新纪录……

在中华民族的奋进史册里，飞天勇士叩问苍穹无疑是最精彩的篇页之一。今天，他们继续书写着新时代的新华章。

中国航天员是怎么炼成的？

② 星空无垠，梦想更远
——对话神舟十二号航天员

6月16日，神舟飞船第7次载人飞天进入倒计时——

当天上午，酒泉卫星发射中心问天阁，神舟十二号航天员乘组正式亮相。他们分别是：三度飞天的指令长聂海胜、再叩苍穹的刘伯明、首次出征的汤洪波。

他们入选飞行乘组后的心情如何、训练怎样？在太空，他们将如何分工协作？神舟十二号载人飞船发射前夕，新华社记者对话神舟十二号航天员，聆听他们出征前的心声。

入选：为国出征 荣耀一生

记者：神舟十二号任务是我国空间站阶段的首次载人飞行任务，意义重大，入选飞行乘组的心情如何？

聂海胜：从1998年进入中国人民解放军航天员大队，到2005年和费俊龙一起执行神舟六号任务，我用了近8年时间。首次飞天时，内心真是期盼啊。

　　8 年后的 2013 年，我和张晓光、王亚平一起执行神舟十号任务，承担手控交会对接等任务。那次的心情尽管与首飞时相比淡定了一些，但仍然非常激动。

　　今天，又是一个 8 年后，我将要实现第三次飞天。这次是我们进入空间站阶段后的首次载人飞行，有幸能够开跑"第一棒"，也有很多新的期待。这次飞行时间更长，我们不仅要把

▲ 神舟十二号载人飞船将于 6 月 17 日 9 时 22 分发射，飞行乘组由航天员聂海胜（中）、刘伯明（右）和汤洪波三人组成。（新华社发　徐部摄）

核心舱这个"太空家园"布置好，还要开展一系列关键技术验证，任务更为艰巨，挑战也更多。作为指令长，我会团结带领乘组，严密实施、精心操作，努力克服一切困难。有全国人民的美好祝福，有工程全线的支持努力，有训练打下的坚实基础，我们有底气、有信心、有能力完成好此次任务。

刘伯明：第一次飞天任务，是在 2008 年与我的战友翟志刚、景海鹏驾乘神舟七号飞赴太空，算算已是 13 年前。

这 13 年，我们每一个人都在紧张地备战，都在为梦想而坚守，都在为使命而拼搏；这 13 年，中国航天人一步一个脚印地将梦想变为现实，我也在追逐梦想的征程中不断成长。13 年坚持训练，13 年执着拼搏，13 年热切期盼，上次飞行的惊喜似乎还在眼前，我又将重返浩瀚太空、俯瞰美丽家园。我将一门心思把安排的各项任务完成好，把获取的试验数据传回来，不辜负崇高使命与期望重托。

汤洪波：这是我的首次飞行，很荣幸。同时，我更加期待在完成任务的同时，可以领略太空的美丽景象。

我 1995 年入选飞行员，2010 年入选航天员，航空与航天，虽然只有一字之差，但完成这个转变，是一个艰苦而又难忘的经历。多年来，我一刻不曾松懈，坚持从难从严训练，从思想、身体、心理、技术等方面进行了全方位的准备。我体会最深的是，要想向上生长，先要向下扎根，只有地面训练到位，才能胜任飞天任务。

11 年来，同批战友中的刘洋、王亚平、陈冬先后飞天。2016 年，我曾入选神舟十一号飞行任务备份航天员，但仍然与飞天梦想擦肩而过。我告诉自己，飞行是自己的梦想，心里只要有梦想，那就一步一步地朝着这个梦想去努力。日拱一卒，终会梦想成真。

这5年，我依旧每天持续不断地朝着自己的目标前进。现在，终于要实现自己的飞天梦想了，我感觉今天的自己比5年前准备得更加充分。

职责：既不分工也不分家 新老搭配各有优势

记者： 你们三个人是怎么分工的？

聂海胜： 我是神舟十二号飞行乘组的指令长。但我认为，我们乘组之间，既不分工也不分家。这是因为在神舟十二号任务当中，任何一项单项操作，我们三个人中的任何一个人都可以独立完成；任何一项需要两个人配合完成的任务，我们任意两个人两两组合都可以完成；需要三个人共同完成的任务，我们作为一个整体也能出色完成。

为什么要这样说呢？这是因为载人航天的特点是需要备份的。也就是说，一旦有人不能完成任务，备份必须能顶上去。所以，对我们三个人来说，我们就是一个整体。如果非要一个具体说明，我是01指令长，刘伯明是02，汤洪波是03。

刘伯明： 聂海胜执行过两次任务，飞行经验丰富，总体方面负责协调沟通。我在神舟七号任务中跟翟志刚一起成功完成了中国人首次太空出舱活动，在出舱活动方面有经验。汤洪波年轻踏实爱学习，操作能力强，但他是第一次执行飞行任务，主要以配合为主，是我们俩的好帮手。

汤洪波： 第一次执行任务，压力肯定有，因为神秘的太空有许多未知，空间站任务也充满了挑战。但我坚信，压力就是动力，经过 11 年的学习训练和磨砺考验，经过一轮又一轮严格科学的选拔，我对自己充满信心。而且，海胜和伯明一直是我的榜样，经验丰富、稳重可靠、思维敏捷，在地面训练时就给了我全面细致的指导和帮助，任务中我们一定会团结一心、精诚协作，建造好太空家园。

训练：任务量超前六次总和 训练量大频度高

记者： 针对神舟十二号飞行任务，你们做了哪些方面的训练和准备？

聂海胜： 神舟十二号飞行任务是空间站阶段的首次载人飞行任务，将验证再生式在轨环控生保、人的长期驻留、长时间出舱活动、新一代舱外航天服等。在轨时间长达 3 个月，可以说是在轨时间长、操作难度大、技术状态新。

比如，神舟飞船与天和核心舱快速对接后，航天员一进驻核心舱，就要开始取出货包、拆卸、安装设备，对核心舱进行"软装修"，建立工作生活的环境，接下来还要进行出舱准备，涉及舱外航天服的检测、维护等。因此，航天员必须全面具备空间站在轨组装建造、维护维修、舱外作业、空间应用、科学试验以及空间站监控和管理能力。而且，长期飞行中应急事件概率增加，对航天员应急处置能力和综合素质提出很高的要求。

刘伯明： 神舟十二号任务计划执行两次连续的出舱任务，一次作业可能 6 个小时左右，间隔时间也很短。与神舟七号任务首次太空出舱活动相比，无论是任务的复杂性还是艰巨性，都有着明显的提高。这对于我们航天员而言，除了要有一个强健的体魄外，还必须具备强大稳健的心理素质。

神七任务时，我们经历了一些险情、遇到了一些困难，当时我们只有一个信念，就是不管怎么样，都要坚决完成任务，一定要让五星红旗在太空高高飘扬。最终，我们做到了。这里，向志刚、海鹏致敬！这次任务出舱活动时间大幅增加，任务更加复杂，为此，我们进行了严格、系统、全面的训练，特别是穿着我国研制的新一代舱外航天服，更加有信心应对各种挑战。行走在浩瀚太空，我们迈出的每一步，都凝结着成千上万航天人的心血和汗水，牵动着亿万中国人的心，我们将全力以赴完成好每一次出舱任务，为建设空间站、造福全人类留下坚实足迹！

记者： 如此高强度的训练过程，有没有印象深刻的片段？

聂海胜： 2019 年 12 月，我和刘伯明、汤洪波一起入选神舟十二号任务飞行乘组。我明显地感到，我们的训练量更大了。我今年仅春节休了 3 天假，其他时间从早到晚都被训练安排得满满当当。尤其是水下训练，穿着水下训练服，每次一训练就是好几个小时，饿了渴了只能喝口水，脸上流汗了、身上哪里痒了痛了都只能忍着，训练结束后累得一身汗。

刘伯明： 我印象深的还是模拟失重出舱活动训练。人被包裹在加压后的训练服里，没有着力点，每一次"举手投足"都非常吃力。比起神七时的训练量，从时长、难度和工作量上都数倍增加。每次训练完，困得吃不下饭，只想睡觉。

汤洪波： 神舟十二号任务中，我们必须要身穿舱外航天服才能到舱外工作，因此要进行针对性的训练。而模拟失重训练，曾经是我一度迈不过去的心理坎。

平时，我不喜欢身上挂戴东西。可这项模拟失重训练要求航天员穿着水下训练服持续在水下工作数个小时。训练服加压后像一艘人形飞船，硬邦邦地套在身上，限制了四肢的活动。刚开始，我一穿上训练服，心里就特别烦躁，恨不得马上出来。

穿不了训练服，那还谈什么飞天？

刘伯明执行过出舱任务，我就私下向他请教。他安慰我说："刚开始穿不适应，这是很正常的反应。但一定要克服，也一定能克服。"

听到这话，我的压力顿时减轻了不少。后来的训练中，我也想了一些办法，比如让工作人员把训练服的温度尽量调低，让烦躁的心情冷静下来。最终，我越过了这道难关。

使命：坚决圆满完成任务

记者：6月17日，你们将代表国家出征太空，还将在太空中迎来建党一百周年的喜庆日子。此时此刻，有什么想说的话？

聂海胜：我是一名航天员，也是一名有着近35年党龄的中国共产党党员。入选航天员20多年来，我亲眼见证了中国载人航天从一人一天到多人多天、从舱内工作到太空行走、从短期停留到中期驻留的不断跨越，也亲身经历了工程全线不忘初心、牢记使命，开拓创新、飞天逐梦的每一个光辉瞬间。可以说，我国载人航天的发展历程，凝结着中华民族的千年飞天梦想，为党的百年奋斗征程增添了壮丽篇章。我们向前走的每一步，都承载着党、国家和人民的厚重期望；我们的每一次进步，也代表着人类向太空不断探索的勇敢与执着，都将为人类和平利用太空贡献中国智慧和力量！

刘伯明： 非常庆幸自己赶上了一个伟大的时代，有幸参与载人航天这个伟大的事业。感谢党和人民的培养，使我有机会通过多次飞天来报效祖国。我将坚决圆满完成这次任务，力争在空间站工程建设中作出新的更大贡献。

汤洪波： 我们即将带着祖国和人民的重托出征太空，此时此刻的心情十分激动。进入太空之后，一方面我会尽快适应失重状态，建立起太空中长期工作和生活的设施环境；另一方面我会在工作之余，尽情领略地球家园的魅力，每当飞船飞临祖国上空，我会通过舷窗多看看美丽的祖国、美丽的家乡！我也十分期待有朝一日能和来自世界其他国家的航天员一起遨游"天宫"！星空无垠，我们的梦想更远。

③ 聂海胜：三次"飞天"见证载人航天灿烂征途

"太空里的一小步，航天事业的一大步。"

回首自己的航天路，神舟十二号指令长聂海胜心生感慨："20多年，3次'飞天'。我的每一小步，都幸运地走在中国航天的每一大步里。"

神六：继续努力，绝不放弃

1998年1月，聂海胜光荣入选我国首批航天员。

▲ 中国航天员聂海胜。（新华社发　秦宪安摄）

入选，并不意味着拿到"太空入场券"。神舟五号飞行任务，聂海胜成为备份航天员，与飞天梦擦肩而过。

不久之后，神舟六号载人飞行任务提上日程。

这次，能不能入选？聂海胜曾在心里问了千百次，而答案只有一个：继续努力，绝不放弃！

每次载人飞行航天员乘组的选拔，都要"重新洗牌，从零开始"，这意味着，作为"神五"备份的他，和战友们又回到了同一条起跑线上。

就在选拔训练的关键阶段，聂海胜的母亲突发疾病。他心急如焚。然而，面对紧张急迫的备战工作，权衡再三，他忍痛让妻子回到老家，和弟弟一起照顾母亲。而他自己，依然坚持在训练一线。

就在此时，组织得知了聂海胜的情况，特批他回老家探望。

家人对他的事业无比支持。弟弟拉着他的手说："哥，你放心地回吧，家里有我在。你尽忠，我尽孝！"

3天后，聂海胜又出现在训练场。

经过高强度的训练，他熟练掌握了所有飞行程序及操作规程，在单项考核中，出现了整个考核中难得一见的满分。最后，聂海胜以优异的成绩入选神舟六号飞行任务乘组。

2005年10月12日到16日，费俊龙、聂海胜乘神舟六号载人飞船，在轨飞行120小时，首次实现多人多天太空飞行。

神六任务的圆满收官，标志着载人航天工程第一步任务目标顺利完成。而聂海胜也在成为航天员近8年的时间里第一次圆梦太空。

► 2005年10月15日18时06分，航天员聂海胜在神舟六号飞船返回舱内向地面传回太空图像。（新华社记者查春明摄于北京航天飞行控制中心）

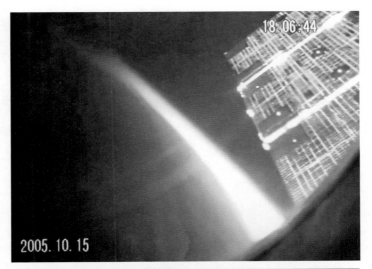

► 这是聂海胜拍摄的作品，他说，在太空拍照很不容易，得用胳膊支在某个固定物上来支撑身体。拍摄的时候，常常是一只手拿摄像机，另一只手拿照相机，而双脚往往飘在空中。（新华社发 聂海胜摄）

神十：成绩清零，一如既往

神六之后，聂海胜迎来了飞天生涯中的第二个 8 年。

这期间，他先后获得"英雄航天员"荣誉称号、"航天功勋奖章"、感动中国 2005 年度人物。

太空失重，心灵不能"失重"。聂海胜一次次将成绩清零，一如既往地学习、苦练，参加乘组选拔。

荣誉待遇都有了，又已近知天命之年，为什么还要飞？"飞行是我的职业，我的使命。无论将军或士兵，都因使命而光荣。"聂海胜说，"只要我还能飞，就要做好一切准备，随时接受挑选，为祖国出征太空。"

2013 年 4 月，聂海胜和张晓光、王亚平以优异的成绩入选神舟十号飞行任务乘组。这次任务由聂海胜担任指令长，带领两位没有太空飞行经验的战友出征太空，同时，他还承担手控交会对接任务。

手控交会对接，被喻为"太空穿针"。这对航天员的认知、操作技能、风险预判和心理能力等方面都提出了挑战。

6 月 23 日 8 时 26 分，继神舟九号航天员刘旺首次完成"太空穿针"后，聂海胜再次验证手控交会对接技术。

前后、左右、上下、滚转、俯、偏航……聂海胜操作手柄，对飞船 6 个维度 12 个方向进行动态、实时、精确控制。

10 时整,"神舟十号"与"天宫一号"对接环接触,7 分钟后,两个飞行器连接成组合体,对接成功。

6 月 26 日早晨,在圆满完成一系列空间科学实验后,神舟十号飞船于内蒙古主着陆场成功返回,宣告着载人航天工程第二步第一阶段任务完美收官。

▶ 聂海胜拍摄的作品。(新华社发 聂海胜摄)

▲ 2013 年 6 月 13 日拍摄的北京航天飞行控制中心大屏幕显示天宫一号与神舟十号进行自动交会对接。左下为神舟十号推进舱外画面。当日 13 时 18 分，搭载着 3 名航天员的神舟十号飞船与天宫一号目标飞行器成功实现自动交会对接。（新华社记者　王永卓摄）

▲ 2013 年 6 月 20 日 10 时许，我国首次太空授课开始。神舟十号航天员在天宫一号开展基础物理实验，展示失重环境下物体运动特性、液体表面张力特性等物理现象。（新华社记者　王永卓摄）

◀ 2013 年 6 月 23 日 10 时 07 分，在航天员聂海胜的精准操控和张晓光、王亚平的密切配合下，天宫一号目标飞行器与神舟十号飞船成功实现手控交会对接。这是 3 位航天员手拉手庆祝成功（摄自北京航天飞控中心大屏幕）。（新华社发　张晓祺摄）

神十二：初心不忘，时刻准备

2014 年，聂海胜担任中国人民解放军航天员大队大队长。

他与全体航天员坚持刻苦训练、顽强拼搏，确保了各项训练任务和重大试验任务圆满完成。大队荣立集体一等功，航天员群体荣获"时代楷模""最美奋斗者"称号。

"他正直坦诚、谦虚随和、朴实厚道，是一位难得的好战友、好领导、好大哥。"这是同事们对他的一致评价。

2019 年 12 月，聂海胜再次拿到"太空入场券"，和刘伯明、汤洪波一起入选神舟十二号任务飞行乘组，并担任指令长。

神舟十二号飞行任务是空间站阶段的首次载人飞行。空间站任务在轨飞行时间长、操控难度大，对选拔训练要求显著提高。

已 50 岁有余的聂海胜一直跟其他航天员一样——训练，训练，再训练。

经过地面大量的训练和在轨预试验，所有程序已经滚瓜烂熟，所能想到的各种意外情况都做了预案，这一次，聂海胜信心百倍。

6 月 17 日，他与刘伯明、汤洪波一起，踏上了飞天征程。这是聂海胜第三次飞向太空。

飞天之路不是浪漫的散文诗，这个 8 年，每一步都倾注着心血与汗水。

"我的初心是出征太空，我的使命就是圆满完成任务，我的状态就是时刻准备着。"这，是这位特级航天员的心声。

4 航天员刘伯明：为国出征　忠勇无畏

北京时间6月17日9时22分，航天员刘伯明乘坐神舟十二号飞船飞向太空。

再度飞天的刘伯明或许会想起，1998年1月5日作为第一批航天员来到航天员大队，面对鲜红的国旗庄严宣誓的时刻——"甘愿为祖国的载人航天事业奋斗终身"。

光荣的背后是漫漫"长征路"

刘伯明家中兄妹6人，生活条件比较艰苦。改变命运，唯有苦读。高中时刘伯明就读的学校，距离家有9公里。他骑着一辆老旧的自行车走读。

▲ 中国航天员刘伯明。（新华社发 徐部摄）

黑龙江的冬天格外长也特别冷，在冰雪覆盖的路面上骑车非常困难，刘伯明经常是摔倒了爬起来，爬起来又摔倒。艰难求学路，成了他的训练场，磨砺了他顽强的性格。

1985 年 3 月，空军到刘伯明就读的依安县一中招飞。全县仅刘伯明入选。毕业后，他被分配到空军某训练基地，成为一名歼击机飞行员。

13 年后，他光荣地加入中国人民解放军航天员大队，成为我国首批航天员。

无论当飞行员还是航天员，凡是动脑筋的事刘伯明都爱"掺和"。进入航天员队伍后，刘伯明曾因流利回答一名教官 10 个刁钻的专业问题，从此被这名教官"免提"，并获得了"小诸葛"的绰号。

在神舟五号任务中，杨利伟一飞冲天，实现了中华民族的飞天梦想。

没被选入任务梯队的刘伯明，为了弥补差距，把进入航天员大队以来所有的专业书籍都找出来，进行复习回顾、系统梳理，写下了六七十万字的心得体会，为后续飞行任务打下了坚实基础。

2005 年，入选神舟六号飞行任务备份乘组的刘伯明，再次与飞天擦肩而过。

"代表祖国出征太空，光荣的背后一定是汗水浇灌的'长征路'。"刘伯明说，"只有认真总结提高，更加努力学习、刻苦训练，才能早日圆梦。"

忠勇者无畏

2007 年，刘伯明入选神舟七号任务乘组。2008 年 9 月 25 日，他与航天员翟志刚、景海鹏一起奔向太空。

探索太空，是勇敢者的事业。

在中国载人航天大事记中，应该有这样一段记录：

2008 年 9 月 27 日，在刘伯明、景海鹏的协助和配合下，航天员翟志刚顺利出舱，完成了我国首次空间出舱活动任务，标志着中国成为第三个独立掌握出舱技术的国家。

那次"太空漫步"，牵动着亿万国人的心——

开启舱门时，翟志刚用力拉了几下，舱门没有反应。此时，飞船即将驶出测控区，必须尽快打开舱门。这时，刘伯明递过来一把开舱辅助工具。在刘伯明的协助下，翟志刚使用辅助工具终于打开了舱门。

推开舱门，航天员们的耳机里突然传来"轨道舱火灾"的报警声。

轨道舱内的刘伯明和返回舱内的景海鹏第一时间检查了所有设备，并且判断此时轨道舱处于真空状态，是不可能发生火灾的。事后分析表明，轨道舱火灾警报只是一场虚惊。

"那个时候，我和志刚目光对视，彼此心领神会。他毫不犹豫地出舱，我也果断调整舱外活动计划，先将一面五星红旗递到他手中。"刘伯明回忆说。

"祖国的利益高于一切！"刘伯明说，"就算再也无法重返地球，我们也要让五星红旗在太空飘扬！"

"祖国利益高于一切。"正是因为秉持着这一坚定的信念，刘伯明在一次次挑战生理、心理极限的训练中保持坚强，在一系列考验和挫折中义无反顾作出选择。

"是祖国和人民把我们送上了太空"

2019 年 12 月，刘伯明入选神舟十二号任务飞行乘组。这次任务是空间站关键技术验证阶段第四次飞行任务，也是空间站阶段首次载人飞行任务。

"这次任务出舱时间大幅增加，任务更加复杂、艰难，挑战和考验也不会缺席。我们会完成好每一次出舱任务，浩瀚太空必将留下更多的中国身影、中国足迹。"刘伯明说。

信心和底气，来源于刻苦的训练。

▶ 航天员刘伯明在进行神舟十二号飞行程序训练（2021 年 3 月 26 日摄）。据介绍，神舟十二号载人飞行任务航天员按照周密制订的训练方案和计划，扎实开展地面训练和任务准备，每名航天员训练均超过了 6000 学时。特别是针对空间站技术、出舱活动、机械臂操控、心理以及在轨工作生活开展了重点训练。（新华社发 孔方舟摄）

▲ 北京时间 2021 年 7 月 4 日 8 时 11 分，神舟十二号乘组航天员刘伯明成功开启天和核心舱节点舱出舱舱门，截至 11 时 02 分，航天员刘伯明、汤洪波身着中国自主研制的新一代"飞天"舱外航天服，已先后从天和核心舱节点舱成功出舱，并已完成在机械臂上安装脚限位器和舱外工作台等工作，后续将在机械臂支持下，相互配合开展空间站舱外有关设备组装等作业。期间，在舱内的航天员聂海胜配合支持两名出舱航天员开展舱外操作。（新华社记者 金立旺摄）

在加压后的训练服里，每一次"举手投足"都非常吃力；身着水下训练服模拟失重训练时，每次都要训练几个小时……

"每次训练完，吃饭连拿筷子都感到困难，困得吃不下饭，只想睡觉。"刘伯明说，但训练之后，还不能放松，要一遍一遍在脑子里过"电影"地熟悉程序。

面对考验，刘伯明总会想起读书时通往学校的那9公里无数次"摔倒又爬起来"的求学路。

"庆幸自己赶上了一个伟大的时代，是千千万万的航天人铺就了飞天之路，是祖国和人民把我们送上了太空。"刘伯明说，"我期待亿万国人随我们一起体验，我心飞翔！"

地球是人类的摇篮，但人类不会永远生活在摇篮之中。

此刻，在被誉为人类探索宇宙"前哨站"的空间站中，刘伯明或许正遥望着更深邃的太空。

5 　航天员汤洪波：飞行追梦人

46 岁的航天员汤洪波终于迎来自己的出征时
刻——

6 月 17 日 9 时 22 分，他和战友聂海胜、刘伯明
乘坐神舟十二号载人飞船，在火箭的托举下飞向太空。

这是汤洪波的首次太空飞行。

汤洪波出生在湖南湘潭的一个小乡村，从小听着
毛泽东、彭德怀等老一辈革命家的故事长大，心里早
早种下一个英雄梦。

1995 年秋，校园里的一纸招生通告让汤洪波心
潮澎湃：空军招收飞行学员。

▲ 中国航天员汤洪波。（新华社发 徐部摄）

"我要守卫祖国的蓝天。"体检、考试、政审，一路"过关斩将"后，汤洪波顺利被录取。

可入学后，汤洪波遭遇了学业上的"拦路虎"——体能成绩班里垫底。如果体能通不过，
就会被淘汰。怎么办？一个字，练！汤洪波每天风雨无阻，在操场上一圈一圈地跑。一年后，
他的体能成绩从垫底"跑"到了优秀。

"我一直加倍努力，争取实现更大进步。"汤洪波说。

空闲时，他总是拿着飞机模型一遍遍比划起飞降落；夜深人静时，他还在脑子里一次次"演练"操作飞行，琢磨眼手脚如何更好地协调。就这样，他的飞行成绩经常获得满分，战友们都评价他是"教科书式的飞行员"。

毕业时，队长跟他进行了这样一番对话。

"选择飞直升机还是战斗机？"

"战斗机！"

"你选择留在内地但飞行次数少的地方，还是偏远但飞行次数多的大西北？"

"飞行员生来就是要飞行的。"汤洪波毫不犹豫地选择了西北大漠。

2009 年，我国开始选拔第二批航天员。此时已经担任飞行大队大队长的汤洪波义无反顾报了名，并于 2010 年成功入选。

"我要飞得更高，飞得更远。"汤洪波说。

天空太空，一字之差，却是巨大的跨越——航天员要完成体质训练、航天环境耐力与适应性训练、航天专业技术等 8 大类上百个课目的训练。这些训练既挑战学习能力，更挑战生理与心理极限。

2019 年 12 月，汤洪波梦想成真，入选神舟十二号飞行任务乘组。

可模拟失重训练，一度是汤洪波"迈不过去的坎"。

"训练服加压后像一艘人形飞船，硬邦邦地套在身上，限制了四肢的活动。"汤洪波说，

"刚开始，我一穿上训练服，心里就特别烦躁，恨不得马上出来。"

那段时间，汤洪波寝食难安。"训练都完成不了，还谈什么飞天呢？"他心里暗暗自责。

起初，汤洪波不敢把这种自责和痛苦告诉家人和同事，怕大家替他担心。后来，他请教执行过出舱任务的刘伯明，并且请工作人员把训练服的温度尽量调低，让心情冷静下来。经过多次训练后，他终于越过了这道难关。

"经历过这些极限考验，以后哪怕再难再苦，也都能扛过来。"汤洪波说。

对于这次飞行任务，汤洪波很有信心。他说："首先，我一定要确保每个步骤都零失误。其次，保证每天身心健康，以免让地面的工作人员担心。"

一路走来，妻子夏宜一直给予汤洪波支持和鼓励。

来到航天员大队后，大量的学习训练使得汤洪波没空照顾家庭，夏宜独自一人边工作边带孩子，从不给他拖后腿。

夏宜在航天员科研训练中心航天服工程室工作，她参与了这次任务舱内工作服的研制过程。

"航天员在我心中，航天员的安全在我手中。这是航天员中心科研人员对航天员的庄严承诺，也是我最真挚的祝福。"夏宜说。

妻子爱写毛笔字。这次汤洪波上太空携带的个人物品中，有妻子贴心制作的小卡片，上面写满寄语。

儿子是名中学生，从小就崇拜爸爸，立志要当飞行员。这次出征前，儿子郑重地对汤洪波说："爸爸，你要安全回来。"

✈ 延伸阅读：神舟十二号 3 名航天员简历

聂海胜同志简历

聂海胜，男，汉族，籍贯湖北枣阳，中共党员，博士学位。1964 年 9 月出生，1983 年 6 月入伍，1986 年 12 月加入中国共产党，2014 年 6 月任中国人民解放军航天员大队大队长，现为航天员大队特级航天员，专业技术少将军衔。曾任空军航空兵某师某团司令部领航主任，安全飞行 1480 小时，被评为空军一级飞行员。1998 年 1 月入选为我国首批航天员。2003 年 9 月，入选神舟五号飞行任务备份航天员。2005 年 10 月，执行神舟六号飞行任务，同年 11 月被中共中央、国务院、中央军委授予"英雄航天员"荣誉称号，并获"航天功勋奖章"。2008 年 5 月，入选神舟七号飞行任务备份航天员。2012 年 3 月，入选神舟九号飞行任务备份航天员。2013 年 6 月，执行神舟十号飞行任务，担任指令长，同年 7 月，被中共中央、国务院、中央军委授予"二级航天功勋奖章"。2019 年 12 月入选神舟十二号飞行任务乘组，担任指令长。

刘伯明同志简历

刘伯明，男，汉族，籍贯黑龙江依安，中共党员，硕士学位。1966 年 9 月出生，1985 年 6 月入伍，1990 年 9 月加入中国共产党，现为中国人民解放军航天员大队特级航天员，少将军衔。曾任空军航空兵某师某团中队长，安全飞行 1050 小时，被评为空军一级飞行员。1998 年 1 月入选为我国首批航天员。2005 年 6 月，入选神舟六号飞行任务备份乘组。2008 年 9 月，执行神舟七号飞行任务，同年 11 月，被中共中央、国务院、中央军委授予"英雄航天员"荣誉称号，并获"航天功勋奖章"。2019 年 12 月入选神舟十二号飞行任务乘组。

汤洪波同志简历

汤洪波，男，汉族，籍贯湖南湘潭，中共党员，硕士学位。1975 年 10 月出生，1995 年 9 月入伍，1997 年 4 月加入中国共产党，现为中国人民解放军航天员大队二级航天员，大校军衔。曾任空军航空兵某师某团大队长，安全飞行 1159 小时，被评为空军一级飞行员。2010 年 5 月入选为我国第二批航天员。2016 年 5 月，入选神舟十一号飞行任务备份航天员。2019 年 12 月，入选神舟十二号飞行任务乘组。

Chapter

03

第三章

走进神舟十二号、 天和核心舱

1 天地往返的生命之舟——神舟十二号

2021 年 6 月 17 日，由中国航天科技集团有限公司五院抓总研制的神舟十二号载人飞船发射成功，并与空间站完成自主快速交会对接。时隔五年，神舟载人飞船再次将航天员送入太空。神舟十二号载人飞船进行了怎样的优化升级？综合能力得到了哪些提升？

天地往返的生命之舟

"神舟十二号载人飞船是迄今为止我国研制标准最高，各方面指标要求最严格的载人航天器，是航天员实现天地往返的生命之舟。"航天科技集团五院总体设计部神舟十二号载人飞船系统总体副主任设计师高旭说。

神舟十二号任务是神舟系列飞船首次执行空间站航天员往返运输任务。神舟十二号载人飞船总长度约 9 米，总重量约 8 吨，为推进舱、返回舱、轨道舱三舱结构。

轨道舱配备了航天员在轨生活支持设备、交会对接敏感器等关键设备，为自主快速交会对接做好充分准备。返回舱是飞船发射和返回过程中航天员所乘坐的舱段，是飞船的"大脑"。推进舱则装配推进系统、电源等设备，为飞船提供动力，并在飞行过程中进行姿态和轨

▲ 神舟十二号船箭组合体。(新华社发 汪江波摄)

◀ 神舟十二号载人飞船发射。（新华社记者 琚振华摄）

道的控制。

　　神舟十二号载人飞船完成与空间站核心舱对接后，航天员进入空间站组合体。待航天员本次飞行任务完成，飞船返回舱将航天员安全带回地面。

　　"神舟十二号是目前功能最完整的飞船，可以说，它已经完全实现载人航天工程立项之初载人飞船的研制目标。"高旭说。

四个"首次"令人瞩目

　　神舟十二号载人飞船将创下多个国内首次的纪录。

　　——首次实施载人飞船自主快速交会对接。

　　在空间站不断调整姿态的配合下，神舟十二号载人飞船实现了发射后快速与空间站对接。高旭形容，神舟十二号就像是有着全自动驾驶功能的"超跑"，自主计算、判断到达目的地。

——首次实施绕飞空间站并与空间站径向交会。

在此次任务中，神舟十二号载人飞船的交会能力得到加强，具有更复杂的交会对接飞行模式，具备与空间站进行前向、后向、径向对接口对接和分离的功能，并计划在本次任务中首次开展绕飞空间站和径向交会试验。

——首次实现长期在轨停靠。

神舟十二号载人飞船将实现在轨停靠 3 个月，为适应空间站复杂构型和姿态带来的复杂外热流条件，神舟团队对返回舱、推进发动机和贮箱等热控方案，船站并网供电方案进行了专项设计，使飞船具备了供电、热环境保障的适应性配套条件。

——首次具备从不同高度轨道返回着陆场的能力。

神舟团队对返回轨道进行了适应性设计，使载人飞船返回高度从固定值调整为相对范围，并改进返回算法，提高载人飞船返回适应性和可靠性。

"天地结合"保障飞船安全

在神舟十二号载人飞船飞行任务的任何阶段，都有保护航天员安全的预案和举措。

发射阶段，如果出现相关意外，神舟十二号载人飞船在其上部逃逸塔的帮助下，可以迅速地将航天员带离危险区，并依托降落伞实现安全着陆。

神舟十二号载人飞船在与空间站天和核心舱自动对接过程中，如果发生相对位置、相对姿态的测量控制设备故障，导致不能进行自动对接时，神舟十二号载人飞船可转由航天员手动控制飞船，通过摄像机图像，观察空间站对接十字靶标，进行人工对接。

停靠空间站期间，神舟十二号载人飞船也具备随时紧急撤离空间站，安全返回地球的能力。

神舟十二号载人飞船配置了两套降落伞，飞船返回舱冲向地球表面时，当一套出现问题时，另一套降落伞可以随时顶上，起到减速缓冲的作用。

此外，神舟团队携带两艘飞船进场，由一艘飞船作为发射船的备份，是遇到突发情况时航天员的生命救援之舟。在前一发载人飞船发射时，后一发载人飞船在发射场待命，具备8.5天应急发射能力及太空救援的能力。

关于神舟十二号，
你想了解的都在这里

② 神舟十二号载人飞船飞天全景扫描

北京时间 2021 年 6 月 17 日 9 时 22 分，搭载神舟十二号载人飞船的长征二号 F 遥十二运载火箭在酒泉卫星发射中心点火升空。

约 573 秒后，飞船与火箭成功分离，进入预定轨道，将 3 名航天员顺利送入太空。

"红""蓝"融合，送君再上凌霄阁

除了五星红旗，参加中外媒体见面会的 3 名航天员的胸前，都佩戴着一枚由党旗和"为人民服务"字样组成的徽章。鲜红的党旗、国旗与蓝色的航天员制服交相辉映。

红色是基因，蓝色是梦想。第三次执行载人航天任务的神舟十二号指令长聂海胜，已有 35 年的党龄。在他看来，中国载人航天的发展历程，不仅凝结着中华民族的千年飞天梦想，也为党的百年奋斗征程增添了壮丽篇章。

"我们向前走的每一步，都承载着党、国家和人民的厚重期望。"聂海胜说。

对于中国航天人而言，红色基因早已融入红色血液，不忘初心是支撑其前赴后继的精神密码。红军长征时期率领"十七勇士"强渡大渡河的营长孙继先，就是酒泉卫星发射中心前身——中国第一个导弹综合试验靶场的第一任司令员。

在这片大西北的戈壁滩中，孙继先看着石岭和荒滩，留下了"干在戈壁滩，埋在青山头"的誓言。酒泉卫星发射中心东北方向 4 公里处的东风烈士陵园可以作证，共产党人言出必行。768 名长眠于此的先烈中，有共和国元帅聂荣臻、首任司令员孙继先……

作为我国空间站阶段的首次载人飞行，神舟十二号飞行任务实施期间恰逢迎来党的百年华诞。广大科技工作者大力弘扬"两弹一星"精神、载人航天精神和"东风精神"，在感悟奋斗历程中坚定航天报国志向。

纪容林来到这片大漠戈壁上，今年刚好是第 20 个年头。他还清晰地记得大学毕业那一年，酒泉卫星发射中心来学校招人。纪容林说："我对自己说，我要去这个地方。"

20 年后，纪容林已经成为这里的技术部测试发射技术室主任。如果把飞船比作火车，纪容林的工作就好比是铺设和检修铁轨，艰苦而寂寞。"在这里，没有忠诚和热血是留不下来的。"纪容林说，他会时不时地去看看场区边的那片胡杨林，去感受生命的坚韧和执着。

神舟十二号飞行任务各系统参试人员进入发射场区后，酒泉卫星发射中心举行了隆重的誓师动员大会，启动东风革命烈士陵园英名墙建设，让广大科技工作者从峥嵘岁月和辉煌历史中，汲取决战决胜的精神养料。

执行神舟十二号任务的参试人员中，"80 后""90 后"已经成为主力军。他们像一颗颗铆钉，分布在火箭、飞船、航天员和发射场等各个分系统，少有花前月下，多有天各一方。

每次飞船发射，0 号指挥员都引人关注。神舟十二号飞行任务的 0 号指挥员邓小军就是一名"80后"的党员。从进入发射程序到点火，邓小军要在这个"C位"上，下达上百个口令，不允许有任何差错，其背后付出的艰辛可想而知。

"他们继承了老航天人的优良传统，而且一直在不断地传承、不断地发扬光大。"中国载人航天工程总设计师周建平这样评价。

所有人的努力，只为了那一簇火红，能融入头顶的那片深蓝。

"天""神"合一，革故鼎新向天歌

神舟十二号载人飞船发射升空后，与天和核心舱完成了自主快速交会对接。天和核心舱、神舟飞船，"天""神"合一。

加上天舟货运飞船，在轨飞行的组合体总重超过40吨。

"技术上很新，难度上很大。"周建平坦言，"很多技术对于我们来说都是第一次。"

通往太空之路无平坦大道，唯有革故鼎新、勇往直前。

也许是巧合，就在距离酒泉卫星发射中心不到百公里的地方，有一个小镇，就取名"鼎新"，出自《周易》，意为"更新、革新"，似乎寓意着这群扎根戈壁的航天人，在创新中前行。

"载人航天是航天领域技术难度最大、系统最复杂的工程。要建好一个国家太空实验室，不仅需要有强大的组织能力、保障能力，还需要有创新精神。"周建平说，实际上在神舟十二号飞行任务中已经实现了很多创新。

19米停泊点

◄ 这是 6 月 17 日在北京航天飞行控制中心拍摄的神舟十二号载人飞船与天和核心舱自主快速交会对接画面。

据中国载人航天工程办公室消息，神舟十二号载人飞船入轨后顺利完成入轨状态设置，于北京时间 2021 年 6 月 17 日 15 时 54 分，采用自主快速交会对接模式成功对接于天和核心舱前向端口，与此前已对接的天舟二号货运飞船一起构成三舱（船）组合体，整个交会对接过程历时约 6.5 小时。这是天和核心舱发射入轨后，首次与载人飞船进行的交会对接。（新华社记者 金立旺摄）

► 这是 6 月 17 日在北京航天飞行控制中心拍摄的神舟十二号载人飞船与天和核心舱自主快速交会对接画面。（新华社记者 金立旺摄）

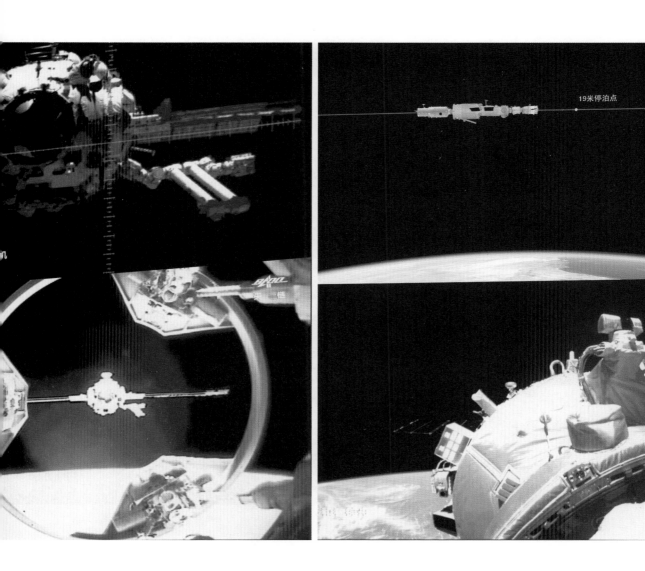

19米停泊点

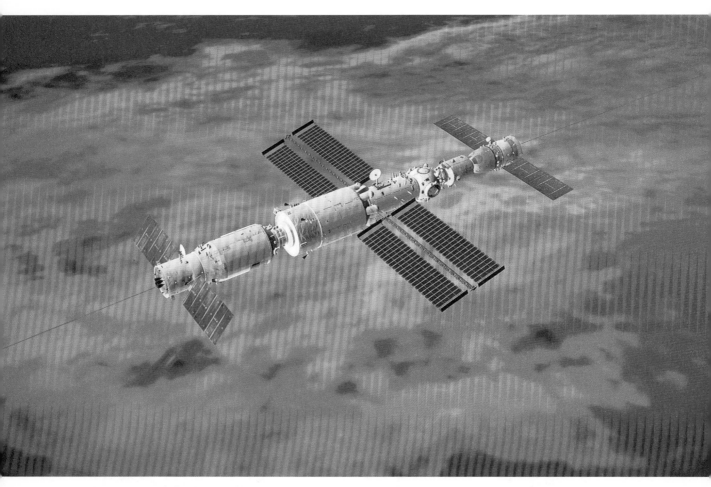

▲ 这是 6 月 17 日在北京航天飞行控制中心拍摄的神舟十二号载人飞船与天和核心舱自主快速交会对接成功的画面，与此前已对接的天舟二号货运飞船一起构成三舱（船）组合体。（新华社记者 金立旺摄）

为满足航天员在轨驻留期间的应急救援需要，火箭系统进行了 108 项技术状态的更改，运载火箭系统副总设计师刘烽介绍说："通过技术改进，火箭系统已经具备了 8.5 天和 16 天的应急发射能力。"

发射载人飞船的长征二号 F 运载火箭全长 58.3 米。相对其他运载火箭，该型火箭增加了故障检测和逃逸系统，以确保航天员在发射过程中的安全。

应急救援需求也对飞船系统提出了更高标准。当船箭组合体在发射塔准备发射时，另一艘地面待命救援飞船也已经完成推进剂加注前准备，随时可启动后续发射工作程序。

"我们已经实现了飞船的批次投产，两船同时出厂，一旦需要救援，可立即启动救援程序，短时间内即可发射入轨，将航天员接回地面。"载人飞船项目产品保证经理郑伟介绍，研制队伍通过技术流程优化等措施，几乎是在原来完成一艘飞船的时间内完成两艘飞船的工作。

发射场系统、测控通信系统技术的状态变化也有 100 多项，以满足具备应急发射救援能力的需求。酒泉卫星发射中心自 2018 年起对垂直总装套房等进行了 36 项改造，具备了两枚火箭同时进行测试、待命飞船存储以及火箭应急加注能力。

长期驻留空间站对航天员选拔训练的要求也显著提高。应急救生、积极撤离、积极救援、待援、故障处置……对航天员的身心素质、知识技能等综合能力提出了很高的要求。

"航天员需要接受训练的科目和内容非常多，技术难度也很大，平均达到了 6000 学时以上。"航天员系统总设计师黄伟芬介绍说，航天员在轨的健康保障技术难度也随之增大，长期失重和密闭狭小环境对航天员的在轨锻炼、心理支持等方面都有影响，既要配备先进可靠的装备，还要设计科学高效的方案。

为满足任务需要，从 2017 年 3 月开始，航天员的训练就全面转入为空间站任务做准备。本着"从难从严、从实战出发、试训一体"的原则，航天员系统策划设计并实施了 8 大类 100 余项科目的训练，包括基础理论、体能、心理和航天专业技术等。

其中有两项活动，也被写进了航天员训练内容，列入工作计划：一是升国旗仪式，二是瞻仰东风革命烈士陵园。

接"二"连"三"，浩大蓝图正展开

这是我国载人航天工程立项以来第 19 次飞行任务，也是我国空间站阶段的首次载人飞行任务。

翻开中国载人航天工程"三步走"战略，不难看出，神舟十二号飞行任务承上启下，十分关键。

神舟十二号的成功发射，意味着我国第一座自主研发的空间站进入一个全新的篇章，开始验证解决有较大规模的、长期有人照料的空间应用问题。

在稳健完成"第二步"后，中国载人航天工程，启航新征程。

"挑战是永远存在的。"周建平说，有很多具有挑战性的事情要做，一些技术需要验证完了以后再建造，而有些则需要边验证边建造。

"今后我们还要发射一个视场角比哈勃望远镜还要大 300 多倍的巡天望远镜，和空间站组合共轨飞行。"周建平说，望远镜可以帮助科学家揭示一些宇宙细节，解开一些科学谜团。

在今明两年中，我国将实施 11 次飞行任务，包括 3 次空间站舱段发射，4 次货运飞船以及 4 次载人飞船发射。

在这两年中，"验证"成为中国载人航天的关键词。除了首次启用载人飞船应急救援任务模式外，神舟十二号还将进一步验证载人天地往返运输系统的功能性能，全面验证航天员长期驻留保障技术，在轨验证航天员与机械臂共同完成出舱活动及舱外操作的能力，首次检验东风着陆场的搜索回收能力。

航天人的征程是星辰大海。随着我国北斗系统全球组网完成，北斗导航终端已经引入神舟十二号飞船设计之中，导航计算、返回搜救落点报告等都采用了北斗系统定位数据。神舟十二号飞船使用的控制计算机、数据管理计算机也完全使用国产 CPU 芯片，元器件和原材料全面实现自主可控。

在航天员系统副总设计师刘伟波眼中，太空中的生活处处都体现了科学家的智慧：饮水分配器可以流出不同温度的热水，汗液尿液循环利用达到可以饮用的标准，垃圾压缩抽真空后半年不会腐烂产生臭味，私密电话可以屏蔽其他同伴与家人视频通话……

"我们为航天员准备的食品有 120 多种，一个星期都不会重样。"刘伟波说，还会照顾到航天员的口味，比如山西人喜欢吃醋，湖南人喜欢吃辣，冰箱里有冰激凌，喜欢喝酸奶可以自制酸奶，还有粽子和月饼。

探索太空是全人类共同的事业。中国空间站已经配备了标准化的载荷接口，具备了与其他国家和地区联合开展各类科学实验的能力。"我相信有那么一天，我们港澳台的航天员、友好国家的航天员会跟我们一起飞行。"周建平说。

扎根大漠戈壁 20 年的纪容林有一个梦想，他希望有一天，能看到酒泉卫星发射中心建设成为世界上第一个智慧化发射场，在信息化技术、物联网技术、智能计算技术方面领跑全球。

"这是一个大时代，中国正在从航天大国向航天强国转变，我们这一代人赶上了。"纪容林说，对他而言是一种莫大的荣耀。

蓦然回首，当年那条仅能容下十多个人的革命小船，已在惊涛骇浪中成为新时代的社会主义巨轮。极目太空，我国自行研制、具有完全自主知识产权的神舟系列飞船已达到甚至优于国际第三代载人飞船水平。

中国人的强国之梦，还会远么？

③ 如何确保出舱活动安全？

　　7月4日，经过约7小时的出舱活动，神舟十二号航天员乘组圆满完成出舱活动期间全部既定任务，我国空间站阶段航天员首次出舱活动取得圆满成功。

　　我国在核心舱机械臂、舱外维修与辅助工具、天地通信系统等领域取得一系列技术突破，为出舱活动顺利实施提供了有力保障。

核心舱机械臂提供有力支撑

　　此次出舱活动首次检验了航天员与机械臂协同工作的能力，雄伟有力的空间站核心舱机械臂格外引人注目。

　　空间站核心舱机械臂展开长度为10.2米，最多能承载25吨的重量，是空间站任务中的"大力士"。其肩部设置了3个关节、肘部设置了1个关节、腕部设置了3个关节，每个关节对应1个自由度，具有七自由度的活动能力。

　　通过各个关节的旋转，空间站核心舱机械臂能够实现自身前后左右任意角度与位置的抓取和操作，为航天员顺利开展出舱任务提供强有力的保证。

除支持航天员出舱活动外，空间站核心舱机械臂还承担舱段转位、舱外货物搬运、舱外状态检查、舱外大型设备维护等在轨任务，是目前同类航天产品中复杂度最高、规模最大、控制精度最高的空间智能机械系统。

为扩大任务触及范围，空间站核心舱机械臂还具备"爬行"功能。由于核心舱机械臂采用了"肩3+ 肘1+ 腕3"的关节配置方案，肩部和腕部关节配置相同，意味着机械臂两端活动功能是一样的。机械臂通过末端执行器与目标适配器对接与分离，同时配合各关节的联合运动，从而实现在舱体上的爬行转移。

据悉，航天科技集团五院在抓总研制过程中，在关键技术、原材料选用、制造工艺、适应空间站环境的长寿命设计等方面均取得创新突破，全部核心部件实现国产化。

"机械伙伴"协助克服舱外作业困难

航天服手套充压后操作不便、单手操作难度大、在轨防飘要求高……开展舱外作业，航天员面临诸多挑战。作为航天员执行出舱任务的"机械伙伴"，舱外维修与辅助工具可以协助航天员有效克服这些困难。

舱外维修与辅助工具不仅有用于舱外设备维修的舱外电动工具、舱外扳手、通用把手等工具，也有配合航天员舱外姿态稳定及转换的便携式脚限位器、舱外操作台等辅助工具。

——舱外电动工具可以适应舱外复杂的真空和高低温环境，具有定力矩拧紧、拧松的工作模式，并且设置有休眠模式。

　　——舱外通用把手可以安装到维修设备上，用于航天员在轨维修时进行待维修设备的转移及防漂。

　　——便携式脚限位器设计了旋转、俯仰、滚转、偏航四个关节自由度，可协助航天员在舱外调整至执行任务的工作姿态；与之配合使用紧密的舱外操作台，可协助航天员进行维修任务时挂放设备和维修工具，解放航天员双手，实现设备或维修工具的临时存放。

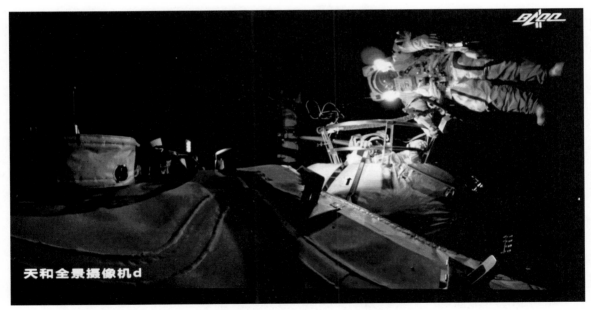

▲ 2021 年 7 月 4 日，在北京航天飞行控制中心拍摄的神舟十二号乘组航天员刘伯明、汤洪波在舱外工作场面。（新华社记者 金立旺摄）

　　——与航天服直接相连的微型工作台，则像一根多功能腰带一样环绕在航天服腰部，将航天员出舱使用的舱外电动工具、舱外通用把手和舱外扳手随身携带，确保航天员随用随取。

　　此次航天员出舱任务的成功实施，充分验证了舱外维修与辅助工具在轨应用的可靠性，后续将配合航天员完成更多在轨出舱任务，是我国空间站长期在轨运行的有力保障。

通信"天路"确保天地通信畅通

　　开展出舱活动，需要天地间大力协同、舱内外密切配合，与地面建立高速及时的通信联系至关重要。

　　航天科技集团五院研制的第三代中继终端产品，通过与中继卫星天链一号和天链二号建立中继链路，实现中继通信，确保航天员与地面通信的实时畅通，好比在太空中搭建了地面与中继卫星、中继卫星与航天员之间的"天路"。

　　与此同时，航天科技集团五院研制的出舱通信子系统可实现舱内外航天员之间、舱内外航天员与地面人员之间，以及舱外航天员之间的全双工语音通信，在航天员舱外活动范围内实现无线通信全覆盖。

　　与上一代系统相比，该产品具有通信距离更远、通信速率更高、工作寿命更长等特点，同时具有更强的空间环境抗电磁干扰能力，并支持多名航天员同时出舱活动时的通话功能。

　　此外，舱外图像传输子系统为舱外提供无线网络覆盖，通过出舱无线收发设备提供的"热点"进行图像传输，实现了对航天员出舱活动进行实时显示、实时记录等功能。

"飞天" 舱外航天服是怎样制成的?

7月4日，神舟十二号航天员刘伯明、汤洪波从空间站天和核心舱节点舱成功出舱，身上穿着的我国自主研制的"飞天"舱外航天服在太空中格外醒目。

120公斤重的舱外航天服，是航天员执行出舱活动的铠甲。它像一个人形飞船，充上一定的压力后，可保护航天员的生命安全，抵御外太空的高低温、强辐射等。

那么，这件比黄金还贵重的"飞天战袍"，是由什么做成的? 又是怎么做出来的? 记者来到航天员中心研发与总装测试部服装车间，走近一群制衣匠的世界。

航天服：装配一套需近4个月

舱外航天服是航天员生命安全的保障。生命安全无小事，体现在工艺上就是复杂且精密。

舱外航天服的软结构，包括上下肢和手套，从里到外是舒适层、备气密层、主气密层、限制层和热防护层等，既能抵抗太空风险，又能穿着舒适、行动灵活，重而不笨。

据了解，仅做一副舱外航天服下肢限制层需要260多个小时，而装配一套舱外服需要近4个月……这已经是他们的最快速度了。

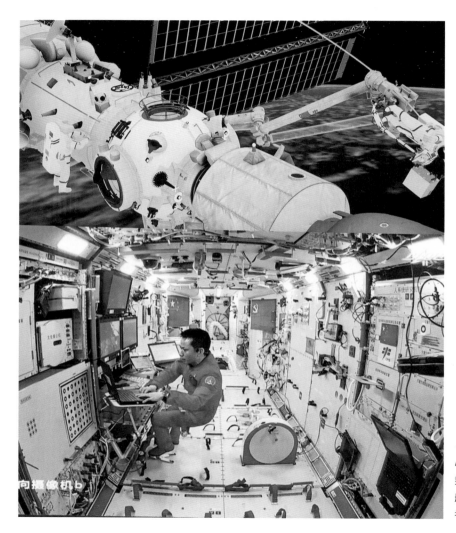

◀ 在北京航天飞行控制中心大屏拍摄的神舟十二号乘组航天员汤洪波在核心舱内工作场景。（新华社记者 田定宇摄）

▲ 在第四届中国—阿拉伯国家博览会高新技术与装备展上，观众在观看舱外航天服。（新华社记者 冯开华摄）

头盔面窗：制作需要经过 47 道工序

舱外服上的头盔面窗，是航天员进行出舱活动时观察外界的窗口。

头盔面窗有多层，最里层为双层压力面窗，是整个头盔的承压密封结构，呈曲面型，直接关系到航天员的生命安全，必须做到绝对安全可靠。

"且不说它的承压材料要经过多少轮的选择、测试，光密封加缝合就耗时两个月，一共完成 47 道工序。"中心研发与总装测试部副部长邓小伟说，就拿面窗除尘来说，先吹洗，再不间断擦拭两小时左右，直到肉眼看不到一丝灰尘。

其中，粘胶要分多轮逐步进行。每次粘胶，都要将其放到恒温恒湿箱里进行胶固化，再进行气密性测试以及低温露点测试，可视区还要进行充分的氮气置换，防止夹层中残留的水汽在低温情况下起雾影响视线。

这一套严密的工序，是邓小伟带着车间工人花了近一年的时间研制摸索、做了 10 多套样品后确定的工艺标准。他说："空间站任务中出舱活动时间长，对服装性能要求更高。"

双层压力面窗制作过程中，对可视区夹层进行氮气吹除时，要通过一根空心针透过密封胶层输送气体。一次，在针扎入的过程中，有两粒胶的碎末进入了密封的面窗夹层。

这两个沙粒大小的碎末，吸附在面窗夹层下沿，理论上对视觉没什么大的影响，却成了他们的"眼中钉"。他们尝试了各种办法，最终只能将碎末扫除到边缘区域。为了做出完美的面窗，他们从生产流程入手，改变生产工序，采用先预埋空心针再进行内外层面窗粘合的方法，彻底解决了密封胶穿刺产生多余物的问题。

　　据邓小伟介绍，一套由 100 余个单机产品组成的舱外航天服在单机研制生产和系统总装过程中要经过严格的自检互检专检三道程序，还要进行环境试验、压力性能试验和工效验证与评价等，确保质量万无一失。

▲ "伟大的变革——庆祝改革开放 40 周年大型展览"上展出的舱外航天服。（新华社记者 殷刚摄）

"波纹袖"：既舒适又灵活

缝纫车间的王其芳工龄最长，一干就是 21 年，她手下的针线活走针紧密、顺直，美观又严谨。缝纫组组长杨金兴说："她做的航天服上肢是最好的！"

在太空，航天员穿着航天服后活动的操作主要靠上肢实现，所以制作时既要考虑活动的灵活性，还得考虑充压后的承力性。王其芳用一双巧手，做出来的"波纹袖"充压后舒适度和灵活度都是一流。

她以打结为例介绍说，因为结点是多条线的交错处，特别硬，就得用簪子扎孔、穿针，再用镊子把针拽出，光打结就有 3 道工序，一套舱内航天服上肢有 76 处孔需要打结，仅这个活就得干两三天。

必须用手工吗？能不能用设备替代呢？车间主任李杨说："从目前的技术能力看，还真不行。没有任何一个机械比手更灵活。"

舱外手套：尺寸公差不超过 1 毫米

与王其芳同样手巧的，还有做手套的师傅郭浓。他两个月要交付 6 副舱外手套，几乎每天都在埋头苦缝。

就算是手缝，同样要求精准，尺寸公差也不超过 1 毫米。郭浓介绍说，更重要的是，由于航天服的特殊性，不能反复拆缝，走针的时候务必小心，力争一次到位。

也正因为此，郭浓和同事们在缝制的时候，必须做到手到哪眼到哪，时间久了，练就出一双双火眼金睛。

"我们这里的工匠，个个视力都是 2.0。"李杨开玩笑说。

液冷服：全身上下铺线 100 米

航天员在舱外活动时会产生热量，需要穿上给身体降温的液冷服。

液冷服是由弹性材料制成的，全身上下全是细密的小孔，供 42 根液冷管路线均匀穿过，每两孔间穿 1 厘米的线，全身上下铺设 100 米左右，就得穿 20000 个孔，尤其是头部的蛇形分布线路，得穿出个太极图。

气密层：反复刷几遍胶

在真空中，人体血液中的氮气会变成气体，造成减压病，必须给航天服加压充气，否则就会因体内外的压差悬殊而造成生命危险。

因此，航天服的气密性要求极为严苛。车间的林波师傅介绍说，比如为舱外航天服气密层刷胶，也不是简单地刷，要观察温湿度、刷胶时间、薄厚度要适量均匀。

"刷完晾，晾完刷，要反复刷上几遍。"林波说。

粘胶组组长莫让江说，舱外服气密层的 TPU 材料表面非常光滑，粘胶前必须涂上一层表面处理剂对表面进行活化，稍微处理不当，表面就有可能造成损伤。而透明色的材料导致肉眼几乎看不见特别小的损伤，等到后期加工完再充压测试就为时已晚了。

金属"硬躯干"：不能有 0.1 毫米细微毛刺

舱外航天服有个金属结构的硬躯干，外形像是一个铠甲，背后挂有保障生命的通风供氧装置。李杨介绍说，光单机产品有 100 来个，由 30 多个外协单位分别生产，最后从五湖四

▲ 长征二号 F 遥十二运载火箭发射过程。（新华社记者 李刚摄）

海聚集到舱外服系统集成总装车间装配。

　　金属"硬躯干"上有 1000 多个米粒大的小孔，和配套的各种不同规格的螺丝，组长岳跃庆带着组员们用镊子夹着酒精棉一点点仔细擦拭，再用放大镜检查是否彻底擦洗干净。

　　"一粒浮尘都有可能酿成大祸。"岳跃庆说。

　　碰到毛刺，岳跃庆就变身整形医生，要给金属表面做"磨皮"手术。多年来，岳跃庆练就了"好手功"。他说，哪怕是 0.1 毫米的细微毛刺，都能摸出来。

背包门：航天员"生命之门"必须密封严实

舱外服的背包门被称为航天员的"生命之门"。在太空环境下，背包门如果密封不严，将直接威胁航天员的生命。

岳跃庆介绍说，背包门的插销座有 4 组、插销门有 4 组，插销座和插销门合上时要天衣无缝。

为此，他们用卡尺一点点地量，精度精确到几十微米。最终，他们用极精准的工艺手段使得开背包门省力一半多。此外，他们还凭着毅力和巧劲，硬是把口径只有几毫米的不锈钢小孔打磨得跟镜面一样光滑。

"干就要干到极致。"岳跃庆说，"舱外航天服里有气液、通风管路和电缆，在保证性能的前提下，还得注意各条线路安装美观、整齐，胶痕清理干净，标识可视角度便利。"

⑤ 长征二号 F 遥十二运载火箭有哪些新看点？

6 月 17 日，长征二号 F 遥十二运载火箭划破苍穹，成功将载有 3 位航天员的神舟十二号载人飞船送入预定轨道。

素有"神箭"美誉的长二 F 火箭是目前我国唯一一型载人运载火箭，自首飞以来共成功实施 7 次载人发射任务。据抓总研制这一火箭的中国航天科技集团有限公司一院介绍，长征二号 F 运载火箭进行了多项技术改进，可靠性和安全性再上新台阶。

更可靠

长征二号 F 遥十二运载火箭在此前基础上，共进行了 109 项技术状态更改，其中有 70 余项与可靠性提升相关，再次刷新了自身纪录，处于世界前列。

航天科技集团一院长征二号 F 运载火箭总指挥荆木春介绍，这些改进不涉及重大技术状态变化，主要是为了消除薄弱环节。

"在可靠性已经相当高的情况下，再提升，难度可想而知。"航天科技集团一院长征二号F运载火箭总体副主任设计师秦曈说，每一处改进，都体现了研制人员对可靠性的不懈追求，背后都意味着无数次的理论分析、数学仿真和试验验证。

航天科技集团一院长征二号F运载火箭总体主任设计师常武权用考试打比方，从50分提高到90分相对容易一些，但从90分提高到91分，背后的工作并不比从50分提高到90分少。

"为了确保任务成功、确保安全，只要能换来百分之零点零几，甚至是零点零零几的指标提升，我们所做的任何工作都是值得的。"航天科技集团一院长征二号F运载火箭副总设计师刘烽说。

更安全

研制队伍在追求安全性的道路上从未止步，遥十二运载火箭对逃逸安控体制进行了改进，进一步提高了火箭的安全性。

假如火箭突发意外情况，逃逸飞行器会像"拔萝卜"一样带着返回舱飞离故障火箭。返回舱与逃逸飞行器分离后，打开降落伞，缓缓降落到地面。但开伞过程中，返回舱会受到地面低空风的影响。

研制人员在现有的控制逃逸发动机的基础上，通过对软件进行调整，使逃逸飞行器可以向垂直于地面风的方向逃逸，更加安全、灵活。

▲ 6月9日，神舟十二号载人飞船与长征二号F遥十二运载火箭组合体正在转运至发射区。
　　据中国载人航天工程办公室消息，北京时间2021年6月9日，神舟十二号载人飞船与长征二号F遥十二运载火箭组合体已转运至发射区。（新华社发　汪江波摄）

▲ 2021年6月17日9时22分，搭载神舟十二号载人飞船的长征二号F遥十二运载火箭，在酒泉卫星发射中心准时点火发射。（新华社记者 琚振华摄）

更灵活

本次发射中，长征二号 F 运载火箭还首次采用了起飞滚转技术，更加灵活。

以往，长征二号 F 运载火箭的任务较为单一，射向基本一致，火箭点火起飞后，经过俯仰转弯等姿态调整，直接瞄准一个固定的射向，在一个射面内飞行即可。但后续空间站在建造和长期运营过程中，轨道倾角会有一个变化范围。

火箭要适应这种变化，有两种方法：一是针对每次任务的轨道倾角，改造瞄准间，确定火箭射向；二是通过火箭自身起飞滚转适应轨道倾角的变化和射向的变化。

因此，型号队伍根据任务特点，从火箭自身出发，在载人状态的长征二号 F 运载火箭上首次应用起飞滚转技术，使火箭起飞后在空中转体，转到合适的角度后，再飞向任务要求的方向。采用该技术以后，火箭更加灵活，任务适应能力也进一步提高。

⑥ 中国人的太空"新家"长啥样？

4月29日，中国空间站天和核心舱在海南文昌发射场成功发射，我国载人航天工程开启新的征程。

这是2019年7月19日天宫二号目标飞行器自太空返回地球家园后，中国人在太空建造的"新家"。

关键词一：太空母港

中国空间站以天和核心舱、问天实验舱、梦天实验舱三舱为基本构型。其中，核心舱作为空间站组合体控制和管理主份舱段，具备交会对接、转位与停泊、乘组长期驻留、航天员出舱、保障空间科学实验能力；问天和梦天实验舱均作为支持大规模舱内外空间科学实验和技术试验载荷支持舱段，同时问天实验舱还作为组合体控制和管理备份舱段，具备出舱活动能力，梦天实验舱具备载荷自动进出舱能力。

未来两年内，中国空间站三舱飞行器依次发射成功后，将在轨通过交会对接和转位，形成"T"构型组合体，长期在轨运行。组合体在轨运行寿命不小于10年，并可通过维修维护

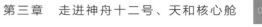

▲ 2021 年 6 月 19 日，在中国科学技术馆展出的"天和核心舱"结构验证件实物。（新华社记者 陈钟昊摄）

延长使用寿命。

空间站作为长期在轨运行的"太空母港",其天然的高真空、微重力、超洁净环境也可以充分用于开展各类科学技术研究,推动科学技术进步。因此,空间站工程将产生巨大经济效益和社会效益,已经成为衡量一个国家经济、科技和综合国力的重要标志,受到各航天大国的高度重视。

关键词二:太空"豪宅"

天和核心舱是中国空间站的关键舱段,它就好比是大树的树干,其他的舱段都会安装在它的接口上,如同大树的根、枝、叶,不断向外延伸。所以,天和核心舱有一个庞大的躯体和结实的身板。

据航天科技集团五院空间站核心舱结构分系统主任设计师施丽铭介绍,核心舱的体积非常大,长度比五层楼房还要高,直径比火车和地铁的车厢还要宽不少,体积比国际空间站的任何一个舱段都大,航天员入驻后,活动空间非常宽敞。此外,核心舱的重量相当于 3 辆大客车的空重重量,同样也超过国际空间站的任何一个舱段。

航天科技集团五院空间站系统副总设计师朱光辰曾经打过一个非常形象的比喻:如果神舟飞船是一辆轿车,天宫一号和天宫二号就相当于一室一厅的房子,而空间站就是三室两厅还带储藏间,算是"豪宅"了。

天和核心舱由节点舱,大、小柱段,后端通道和资源舱组成,发射升空后,将为航天员

▲ 2021 年 7 月 1 日，在北京航天飞行控制中心，天舟二号货运飞船系统副总设计师党蓉走过中国空间站模型，准备下班。（新华社记者 金立旺摄）

提供太空科学和居住环境，支持长期在轨驻留，承接载人飞船和货运飞船的对接停靠。它的设计寿命是 15 年，并可通过维修延长寿命。空间站构型极其复杂，舱体多，不仅各个飞行器相当于一颗颗"卫星"，而且各飞行器不同的组合，又变成了一个个新的航天器。比如，核心舱是一个独立的航天器，和载人飞船对接后，"哥儿俩"又变成了一个新的组合体，相当于一个新的"航天器"，同样，跟货运飞船对接组合后也是如此。

据航天科技集团五院空间站系统总体主任设计师张昊介绍，天和核心舱的密封舱内配置了工作区、睡眠区、卫生区、就餐区、医监医保区和锻炼区六个区域。不仅能够保证每名航天员都有独立的睡眠环境和专用卫生间，而且在就餐区配置了微波炉、冰箱、饮水机、折叠桌等家具家电，还配置了太空跑台、太空自行车、抗阻拉力器等健身器材，以满足航天员日常锻炼；还配了天地视频通话设备，可以实现与地面的双向视频通话；此外，还有可以支持航天员收发电子邮件的测控通信网和相关设备。

关键词三：自主可控

国际空间站是目前在轨运行最大的空间平台，是一个拥有现代化科研设备，可开展大规模、多学科基础和应用科学研究的空间实验室。它的规模大约有 423 吨，由美国、俄罗斯、加拿大、日本等 16 国联合，先后经历 12 年建造完成。

中国空间站与国际空间站有什么不同？

中国空间站由一个核心舱和两个实验舱组成，在总体规模上不及国际空间站，这主要是采用规模适度、留有发展空间的建设思路，既可以满足重大科学研究项目的需要，又同时具备扩展和支持来往飞行器对接的能力。

此外，中国空间站由我国自主建造，实现了产品全部国产化，部组件全部国产化，原材料全部国产化，关键核心元器件100%自主可控。

关键词四：长寿秘方

如同汽车在使用一定年限和里程后要报废一样，空间站也没有永久寿命，只要使用，只要有人居住、工作和进行科学实验，就会有损耗。那么中国空间站的设计寿命如何，又采取了哪些措施来保证长期在轨稳定运行呢？

据航天科技集团五院空间站系统副总设计师侯永青介绍："中国空间站设计在轨飞行10年，具备延寿到15年的能力。为了保证空间站在轨不小于15年长寿命要求，我们从设计伊始，就开展了长寿命、可靠性、维修性、安全性一体化设计。具体来讲，就是以系统和产品的长寿命和固有可靠性设计为基础，配合开展系统和产品在轨故障诊断、处置预案设计、维修性设计，以实现长寿命、可靠性的既定目标。"

空间站在太空中安家后，将面对来自宇宙的各种威胁和挑战，比如，原子氧、紫外辐照、真空、温度交变、空间碎片以及微重力等，这些危险元素可能会造成空间站的材料性能衰退，或者诱发故障，从而制约舱外电缆、表面涂层、光学镜头等产品和设备的使用寿命。

为了最大限度地减少损坏和伤害，设计团队想方设法让空间站变得更结实、更强壮。"在

◀　4 月 23 日，空间站天和核心舱与长征五号 B 遥二运载火箭组合体正转运至发射区。当日，空间站天和核心舱与长征五号 B 遥二运载火箭组合体已转运至发射区，后续将按计划开展发射前的各项功能检查、联合测试等工作。（新华社发 郭文彬摄）

▲ 4 月 23 日，空间站天和核心舱与长征五号 B 遥二运载火箭组合体正转运至发射区。（新华社发　郭文彬摄）

天和核心舱主结构设计时，我们从抗腐蚀、抗疲劳、抗断裂三个维度进行了综合分析和评价，从材料选择、结构设计、构型、参数设计等方面进行了科学优化的设计，并从材料到构件到舱段都进行了仿真验证，以确保长寿命。"施丽铭介绍说。

为了应对空间碎片等"劲敌"的攻击，天和核心舱热控分系统针对长寿命可靠性问题，为空间站安装了两条相当于"大动脉"的管子——热管辐射器，以便减少流体管在外暴露的面积，大大降低被空间碎片击穿的风险。

◀ 4月29日11时23分，中国空间站天和核心舱在我国文昌航天发射场发射升空，准确进入预定轨道，任务取得成功。（新华社记者 琚振华摄）

⑦ 月下飞天舟
——天舟二号飞行任务全解读

中国文昌，夜漫南海，圆月当空。

北京时间 5 月 29 日 20 时 55 分，搭载着天舟二号货运飞船的长征七号遥三运载火箭，在位于海南省的文昌航天发射场点火发射。

约 604 秒后，飞船与火箭成功分离，精确进入预定轨道。21 时 17 分，太阳能帆板两翼顺利展开工作，发射取得圆满成功。

兵马未动，粮草先行。距离天和核心舱发射升空 30 天后，中国向空间站核心舱成功发出了第一件快递"包裹"。

"大力水手"托举深空梦想

与敦实憨萌的"胖五"——也就是长征五号运载火箭相比，长征七号遥三运载火箭的身材显得修长。但事实上，它总长 53.1 米，比"胖五"要短 3 米多。

作为新一代高可靠、高安全的中型液体运载火箭，长征七号是为满足搭载天舟系列货运飞船的专属需求量身研制的。因其"两级半"的构型，仅从外形来看，它比"胖五"的"一级半"构型更匀称——如果说"胖五"像举重运动员，长征七号则更像健身房里的教练。

"力气大"，是空间站建设对长征七号火箭最基本的要求。虽然不如"胖五"体态雍容，但长征七号的起飞重量达到了597吨，近地轨道运载能力达到13.5吨，跻身中国火箭"四大力士"之列，是名副其实的"大力水

◀ 5月16日，天舟二号货运飞船与长征七号遥三运载火箭组合体正在转运至发射区。（新华社发 郭文彬摄）

手"，达到了国外同类火箭的先进水平。

"大力水手"这一次的任务，就是将满载大批物资的天舟二号货运飞船送到预定轨道。为了"力气大"，长征七号使用动力更强劲的液氧煤油做燃料，还将助推器主捆绑结构的安装间隙由5毫米压缩到4毫米，这不仅减少了火箭飞行时的振动，也增加了助推传力。

"成功是我们唯一的选项。"回顾长征七号的研制过程，火箭总设计师程堂明用这句话来表明自己的信心和决心。研制项目正式启动以来，长征七号团队瞄准空间站建设，以精益求精的铸"箭"精神和万无一失的严谨作风，全力以赴为使命和荣誉而战。

2016年6月25日，长征七号在新建成的文昌航天发射场首飞成功。

2017年4月20日，长征七号托举着天舟一号货运飞船腾空而起。这是天舟货运飞船和长征七号运载火箭组成的空间站货物运输系统的首次飞行试验。

这一次，长征七号又一次成功升空，为空间站天和核心舱送去生活物资、实验设施和推进剂，拿下了中国空间站工程建造阶段承上启下的又一重要环节。

按照空间站在轨建造任务规划，到2022年底，我国将连续实施11次发射任务，其中4次货运飞船发射都将由长征七号火箭"承运"。"环环相扣，就像接力赛跑，每发任务的成败都关乎中国空间站建造计划能否顺利实施。"长征七号运载火箭试验队主任设计师徐利杰说。

为确保运载能力和满足交会对接的需求，科研团队对长征七号火箭进行了大量优化改进设计，围绕技术状态确认、关键环节保证等方面开展了"再分析、再设计、再验证"，火箭的技术状态发生了100多项变化。

为满足飞船与空间站的交会对接需求，科研团队将精确到秒的发射"零窗口"拓展为 2 分钟左右的"窄窗口"。通俗地说，如果火箭起飞时间出现了 2 分钟以内的偏差，火箭可以根据起飞时间自行修正飞行轨迹，保证货运飞船仍然能够进入核心舱所在的轨道面，为后续的交会对接奠定基础。

细心的人们会发现，这一次火箭点火的瞬间，"大力水手"的尾部没有出现因四氧化二氮不充分燃烧而形成的红色"烟雾"，取而代之的是如同棉花糖般的"白烟"。

那是因为长征七号装备了具有自主知识产权的新型液氧煤油发动机，煤油在不充分燃烧条件下，产生的颗粒和水蒸气混合凝结，形成的"烟雾"呈白色。

仅此一项技术改进，长征七号的推力提高了 60%。

"快递小哥"穿梭天地走廊

大大小小包裹160多件，两件分别重达100多公斤的航天员舱外服，还有 3 吨推进剂——天舟二号货运飞船并不是世界上最大的货运飞船，但装的物资却达到了 6.8 吨，超过了飞船自重。

远离地球，空间站里吃的、穿的、用的，乃至呼吸所需的物资，都要由货运飞船及时送达。天舟货运飞船与长征七号火箭一起，共同构成了空间站货物运输系统，实现了"人货分装"，成为中国载人航天工程中的"快递小哥"。

"去"的时候，天舟二号可为空间站送去各种生活物资、推进剂、平台维修设备附件及各种消耗品、载荷设备等补给物资。"回"的时候，天舟二号还将带走和销毁空间站废弃物。

与天舟一号相比，天舟二号在构型上与其基本一致，采用了全密封货物舱和推进舱组合而成的两舱构型，总长10.6米，最大直径3.35米。

在承担的任务上，天舟二号则有其鲜明的特点。

为了装得更多，科研团队根据货运飞船的圆形舱体结构，一共设计了26种不同尺寸规格、不同形状的货包，像搭积木一样组合放置进蜂窝板形成的一个个货格之中。每个货包都会被类似飞机座椅的

▶ 2021年5月29日晚，我国在海南文昌航天发射场准时点火发射天舟二号货运飞船。这是空间站货物运输系统的第一次应用性飞行。（新华社记者 蒲晓旭摄）

安全锁扣稳当固定住，单手就可以取下来。这些物资，可以满足 3 名航天员 3 个月太空生活的需要。

不仅装得多，而且送得快。天舟二号的快速交互对接系统已经提前安排好入轨后的动作时序，节省了指令在天地间传达的时间，也免去地面临时注入程序的流程，从地面"发货"到"快递小哥"来敲门的时间大约 7 个小时，堪比"同城快递"，实现了空间站任务物资运输快速补给。

不仅送得快，天舟二号还设计了多个与密封舱隔离的"油箱"，具备"危险品运输资质"。除了运输生活物资、实验设施外，天舟二号还携带了 3 吨推进剂，交会对接之后，就摇身一变成为空间站的"加油站"。

不仅能加油，还能给空间站充电。天舟二号货运飞船有自己独立的能源系统，可以实现能源自给自足。靠泊空间站期间，天舟二号和空间站之间可以互相输送补充电能资源——靠泊期间的天舟二号处于休眠状态，自身能源需求小，富余出来的电能就可以输送到空间站，为航天员活动提供保障，同时支撑一些电能消耗较大的科学实验。

天舟二号还是一个"储藏室"。完成交会对接后，航天员会进出天舟二号取用生活和工作物资。为了让航天员在天上也可以方便快捷地取用、查找自己想找的物资，"储藏室"里的每件货物上都粘贴了一个具备无线射频识别功能的标签，使用专用设备能进行智能定位。

天舟二号有存放垃圾的职能，是一个太空"垃圾桶"。航天员在空间站里产生的生活垃圾、人体排泄物，都会集中到天舟二号舱内存放。完成使命后，天舟二号将带走这些废弃物，在坠入大气层的过程中一同烧毁。

18 立方米货物装载体积，除了留出航天员舱内活动空间，还同时具备这么多的功能且保持重量均衡，科研团队在布局设计上用足了智慧。强大的送货和补给能力，也将对延长空间站寿命和航天员在轨驻留时间起到重大作用。

再过一段时间，中国航天员将搭乘神舟十三号载人飞船来到太空。相信他们在进入天和核心舱后，打开天舟二号货运飞船舱门的那一刻，一定会有"拆快递"的惊喜。

"滨海福地"续写航天新篇

没有建成发射场之前，海南文昌以侨乡闻名，120 多万祖籍文昌的海外侨胞分居在世界 50 多个国家和地区。

历史上，文昌还是"一里三进士"的文化之乡、诞生了 200 多位军队高级将领的将军之乡。因为三面临海，负氧离子含量高，文昌居民的平均寿命高达 81.85 岁，是一个人杰地灵的福地。

2007 年 8 月，我国决定在海南文昌建设新一代最先进的航天发射场。2009 年 9 月，文昌航天发射场在文昌市龙楼镇破土动工。继酒泉、太原、西昌 3 大发射场之后，文昌航天发射场于 2016 年全面建成并投入使用，文昌这块"滨海福地"又多了一个"航天城"的美誉。

作为中国首个开放性滨海航天发射场，也是世界上为数不多的低纬度发射场，文昌航天发射场主要承担地球同步轨道卫星、大质量极轨卫星、大吨位空间站和深空探测卫星等航天器的发射任务。5 年来，天舟一号、天问一号、嫦娥五号、天和核心舱、天舟二号……一个个大国重器从这里飞向太空。

　　这一次，文昌航天人在承压中奋战，在坚守中前行，按照"确保万无一失、圆满成功"的要求，严格落实载人航天工程质量标准，专题组织发射区综合检查，全面检查设备设施、特燃特气、物资器材等准备情况，仅推进剂加注抢险、消防救护等演练就组织了数十次。

　　航天发射是一项高风险的科技活动。原定于 5 月 20 日凌晨的天舟二号发射任务，因技术原因推迟实施，发射场系统承受着不小的压力。

　　与传统发射任务相比，天舟二号发射任务，不仅要将飞船精确送入预定轨道，还要将货运飞船发射到天和核心舱所在的空间轨道面内，实现货运飞船与天和核心舱的交会对接。一旦火箭起飞时间偏离了发射窗口，将错过空间站所在的轨道面，导致货运飞船需要较长时间的轨道调整，消耗更多的推进剂，甚至影响交会对接任务。

　　为确保发射任务在既定窗口时间进行，文昌航天发射场的气象保障人员加强对雷电、强降水、浅层风、高空风的技术研究，收集整理了场区近 15 年的气象数据，为天舟二号的"窄窗口"发射提供分时分段、精细精确的气象保障。发射场短时预报准确率达到 95% 以上，具备提前 7 天预报发射日天气、提前 8 小时准确预报窗口天气的监测能力。

　　长征七号火箭是一型低温推进剂火箭。低温推进剂蒸发量大，为确保运载能力和发动机启动条件要求，发射前需要开展一系列复杂的动作，哪个环节出现异常都将影响发射。5 月16 日，船箭组合体转运至发射区后，发射场不分昼夜满负荷运转，部署强化统一领导，加强组织指挥、资源连续保障、重大风险防控，总装、测试、合练……

高强度发射任务也将一批年轻技术骨干摔打磨砺成才，一批"高学历""善决策""能担当"的科技人才活跃在航天发射前沿阵地，成为航天事业薪火相传的支撑。

"3 个月内连续承担 3 次重大航天发射任务，文昌航天发射场综合测试发射能力得到持续提升。"西昌卫星发射中心党委书记董重庆说，文昌航天发射场纬度低、发射效费比高，射向宽、安全性好，海运便捷、可行性强，无毒无污染、绿色环保，在建设航天强国的征程中独具优势、堪当重任。

Chapter

04

第四章
解密载人飞行

1 神舟十二号载人飞行任务具有哪些特点?

中国载人航天工程办公室主任助理季启明介绍，作为我国空间站阶段的首次载人飞行，神舟十二号载人飞行任务承上启下，十分关键。总体来看，神舟十二号载人飞行任务有四大特点，为后续空间站建造及应用发展奠定坚实基础，积累宝贵经验。

一是进一步验证载人天地往返运输系统的功能性能。改进后的长征二号 F 遥十二火箭提高了可靠性和安全性；神舟十二号载人飞船新增了自主快速交会对接、径向交会对接和 180 天在轨停靠能力，改进了返回技术、进一步提高落点精度，还首次启用载人飞船应急救援任务模式。二是全面验证航天员长期驻留保障技术。通过神舟十二号航天员乘组在轨工作生活 3 个月，考核验证再生生保、空间站物资补给、航天员健康管理等航天员长期太空飞行的各项保障技术。三是在轨验证航天员与机械臂共同完成出舱活动及舱外操作的能力。航天员在机械臂的支持下，首次开展较长时间的出舱活动，进行舱外的设备安装、维修维护等操作作业。四是首次检验东风着陆场的搜索回收能力。着陆场从内蒙古四子王旗调整到东风着陆场，首次开启着陆场系统常态化应急待命搜救模式。

季启明介绍，按照空间站建造任务规划，今明两年实施 11 次飞行任务，包括 3 次空间站舱段发射、4 次货运飞船以及 4 次载人飞船发射，2022 年完成空间站在轨建造，建成国家太空实验室，进入到应用与发展阶段。这 11 次任务紧密关联、环环相扣。近期成功发射的天和核心舱与天舟二号货运飞船已形成组合体在轨运行。神舟十二号载人飞船发射入轨后与核心舱组合体进行交会对接。

　　季启明说，神舟十二号任务实施期间恰逢党的百年华诞，工程全线注重从中国共产党百年历史，特别是从中国共产党领导下，我国航天事业建设发展的辉煌历程中汲取经验力量、提振信心斗志，全体参试人员正以高昂的精神状态，紧张投入到各项准备中。

对接成功！90 秒动画全览神舟十二号载人飞行任务

② 神舟十二号载人飞行任务有哪些"成功秘诀"？

　　长征二号 F 遥十二运载火箭发射成功，将神舟十二号载人飞船送入预定轨道。随后，神舟十二号载人飞船与天和核心舱完成自主快速交会对接，3 名航天员顺利进驻天和核心舱。

　　这是我国空间站阶段的首次载人飞行任务，中国空间站建设再次迈出重要一步。

　　如何确保航天员在为期 3 个月在轨驻留期间完成各项任务？神舟十二号载人飞船的良好性能得益于哪些科技支撑？载人航天背后蕴含着怎样的精神力量？

"有信心应对各种挑战"高水平训练赋予航天员必胜的底气

　　"我们不仅要把核心舱这个'太空家园'布置好，还要开展一系列关键技术验证""作为指令长，我会团结带领乘组，严密实施、精心操作，努力克服一切困难""我们有底气、有信心、有能力完成好此次任务"……

　　16 日上午，执行神舟十二号载人飞行任务的 3 名航天员在酒泉卫星发射中心问天阁与中外媒体记者集体见面。航天员聂海胜坚定的话语向世人传递出必胜的信心。

本次任务航天员乘组选拔按照"新老搭配，以老带新"的方式，结合航天员飞行经历、相互协同能力等方面，选拔出飞行乘组和备份航天员。航天员聂海胜参加过神舟六号、神舟十号载人飞行任务，航天员刘伯明参加过神舟七号载人飞行任务，航天员汤洪波是首次飞行。

在轨期间，航天员将开展核心舱组合体的日常管理，开展空间科学实验和技术试验。还将开展出舱活动及舱外作业等。

对此，本次任务周密制订了航天员训练方案和计划，扎实开展了地面训练和任务准备，每名航天员训练均超过了6000学时。特别是针对空间站技术、出舱活动、机械臂操控、心理以及在轨工作生活开展了重点训练。

"这次任务出舱活动时间大幅增加，任务更加复杂，为此，我们进行了严格、系统、全面的训练，特别是穿着我国研制的新一代舱外航天服，我们更加有信心应对各种挑战。"航天员刘伯明说。

首次亮相的航天员汤洪波说，经过11年的学习训练和磨砺考验，已经完成了从航空到航天这一艰苦难忘的转型，经过一轮又一轮严格科学的选拔，对自己充满信心。也十分期待有朝一日能和来自世界其他国家的航天员一起遨游"天宫"。

天地往返的"生命之舟"国内科研成果助力打造"功能最完整"飞船

发射后约 6.5 小时完成与核心舱的交会对接，航天员此后可进入空间站开始太空生活和工作，大约与从北京乘坐高铁到长沙的时间相当。

作为航天员实现天地往返的"生命之舟"，神舟十二号飞船首次实施载人飞船自主快速交会对接，大大减少了地面飞行控制人员的工作量和工作时间，其高效率令人印象深刻。

从入场那一刻，航天科技集团五院神舟十二号载人飞船总体副主任设计师高旭就期待着发射这一天的到来。"神舟十二号载人飞船是迄今为止我国研制标准最高，各方面指标要求最严格的载人航天器。"高旭说。

神舟十二号任务是"神舟"系列飞船首次执行空间站航天员往返运输任务。神舟十二号载人飞船总长度约 9 米，为推进舱、返回舱、轨道舱三舱结构。神舟十二号飞船在此前飞船基础上性能提升的过程中，国内科研成果的应用功不可没。

——进行了多项国产化芯片应用改进，元器件和原材料全面实现自主可控，飞船使用的控制计算机、数据管理计算机完全使用国产 CPU 芯片。

——随着我国北斗系统全球组网完成，北斗导航终端也引入飞船设计中，导航计算、返回搜救落点报告等都采用了北斗系统定位数据。

——依托我国中继卫星系统，测控由地基测控为主全面转为天基测控为主，地面站船测控为辅，减少对测站、测量船的需求，既扩大了测控覆盖率，又节约了任务成本。

除首次实施载人飞船自主快速交会对接外，神舟十二号载人飞船还创造了多项国内首次：首次实施绕飞空间站和径向交会，首次实现长期在轨停靠，首次具备从不同高度轨道返回东风着陆场的能力。

"神舟十二号是迄今为止功能最完整、最完全的飞船，可以说，它已经完全实现载人航天工程立项之初载人飞船研制目标。"高旭说。

生活舒适保障充足 打造航天员在轨驻留的"太空家园"

神舟十二号飞船与天和核心舱完成自主快速交会对接后，航天员进驻天和核心舱，开启为期 3 个月的在轨驻留之旅。航天员的工作、生活环境如何？引发无数人的好奇。

据悉，天和核心舱提供了 3 倍于天宫二号空间实验室的航天员活动空间，配备了 3 个独立卧室和 1 个卫生间，保证航天员日常生活起居。

与此同时，就餐区域配置了食品加热、冷藏及饮水设备，还有折叠桌，方便航天员就餐；锻炼区配备有太空跑台、太空自行车，用于航天员日常锻炼；通过天地通信链路和视频通话设备，可实现空间站与地面的双向视频通话和收发电子邮件。

兵马未动，粮草先行。

此前成功发射并与天和核心舱完成交会对接的天舟二号已提前送去 6.8 吨物资，其中就包括航天员在空间站吃、穿、用，乃至呼吸所需的生活物资，以及开展工作所需的实验设备、实验资料等物资。

此外，天舟二号还是航天员在轨驻留期间的"储藏室"和"垃圾桶"。

完成交会对接后，航天员会进出天舟二号取用生活和工作物资。为了让航天员在天上也可以方便快捷地取用、查找自己想找的物资，"储藏室"里的每件货物上都粘贴了一个具备无线射频识别功能的标签，使用专用设备能进行智能定位。

航天员在空间站里产生的生活垃圾、人体排泄物，都会集中到天舟二号舱内存放。完成使命后，天舟二号将带走这些废弃物，在坠入大气层的过程中一同烧毁。

"万无一失"背后的精神传承

从发射阶段、飞行阶段，到对接阶段、停靠阶段，再到返回阶段，神舟十二号飞行任务中，我国首次实现天地结合多重保证的应急救援能力，在飞行任务的任何阶段，都具有保护航天员安全的预案和举措。

诸多技术保障的背后，是载人航天队伍艰苦奋斗、砥砺前行的身影，他们用行动诠释着"特别能吃苦，特别能战斗，特别能攻关，特别能奉献"的载人航天精神内核。

为保证天地结合的应急救援能力，神舟队伍在此次任务中携带两艘飞船进场，由一艘船作为发射船的备份，作为遇到突发情况时航天员的生命救援之舟。在前一发载人飞船发射时，后一发载人飞船在发射场待命，并具备 8.5 天应急发射能力。

在 2 个多月里，一支队伍并行开展两艘飞船的总装、测试及后续工作，难度之大，任务之密集，可想而知。

▶ 7月4日，在北京航天飞行控制中心，航天科研人员在紧张工作。

据中国载人航天工程办公室消息，北京时间2021年7月4日14时57分，经过约7小时的出舱活动，神舟十二号航天员乘组密切协同，圆满完成出舱活动期间全部既定任务，航天员刘伯明、汤洪波安全返回天和核心舱，标志着我国空间站阶段航天员首次出舱活动取得圆满成功。（新华社记者　金立旺摄）

　　没有双休日，没有节假日，在距离宾馆约 10 公里的技术厂房，测试大厅和总装大厅总是在深夜仍然灯火通明，工作 24 小时紧锣密鼓地进行。神舟队伍没有一天放松警惕，没有一天放松标准。

　　"在这么短时间内完成神舟十二号的全部工作，这是属于神舟队伍的骄傲！"航天科技集团五院神舟十二号载人飞船总指挥何宇说。

　　素有"神箭"美誉的长二 F 火箭是目前我国唯一一型载人运载火箭，自首飞以来发发成功，但研制队伍在追求稳定性安全性的道路上从未止步。长征二号 F 遥十二运载火箭在此前基础上，共进行了 109 项技术状态更改，将长征二号 F 运载火箭的可靠性从指标要求的 0.97 提升到 0.9894，再次刷新了自身纪录。

　　"在可靠性已经相当高的情况下，再提升，难度可想而知。"航天科技集团一院长征二号 F 运载火箭总体副主任设计师秦曈说，每一处改进，都体现了研制人员对可靠性的不懈追求，背后都意味着无数次的理论分析、数学仿真和试验验证。

　　"为了确保任务成功、确保航天员安全，只要能换来百分之零点零几，甚至是零点零零几的指标提升，我们所做的任何工作都是值得的。"航天科技集团一院长征二号 F 运载火箭副总设计师刘烽说。

天宫花式健身

③ 航天员为何要进行出舱活动？

据中国载人航天工程办公室消息，北京时间 4 日 14 时 57 分，经过约 7 小时的出舱活动，神舟十二号航天员乘组密切协同，圆满完成出舱活动期间全部既定任务，航天员刘伯明、汤洪波安全返回天和核心舱，标志着中国空间站阶段航天员首次出舱活动取得圆满成功。

航天员为何要出舱活动？航天员出舱后通常要完成哪些任务？

出舱活动，又被称作太空行走，是指航天员或宇航员离开载人航天器乘员舱，只身进入太空的活动。由于太空环境恶劣，航天员要面临失重、低气压和气温不稳定以及强辐射等诸多挑战。

机器人或自动化技术通常是人类出舱活动的替代方案，但目前设计能执行预期任务之外或超出已知任务参数范围的机器人成本高，且技术尚不成熟，无法完全取代人类。而航天员的出舱活动效率较高，并且对意外故障和突发事件做出响应的能力较强。正如建造摩天大楼需要建筑工人和起重机一样，出舱活动需要航天员和机器人共同完成舱外作业。

美国航天局认为，宇航员在舱外维修卫星或其他航天器，可以避免将它们带回地球修理；在舱外开展科学实验，有助于科学家了解太空环境对不同事物的影响。宇航员还可以在舱外测试新设备。

在舱外作业中，航天员或宇航员主要开展卫星捕获和维修、更换电池、舱外维修、外部航天器组件的组装及连接、特殊实验或测试等工作。

此前，美国宇航员曾通过出舱活动修复了天空实验室、太阳峰年卫星、哈勃太空望远镜等航天器；多次为国际空间站更换电池；紧急维修故障设备。俄罗斯宇航员则通过出舱活动修复了"礼炮"号空间站，组装、维修了"和平"号空间站，还为国际空间站内壁裂缝"打补丁"。

出舱活动并非总是一帆风顺。

国际空间站原计划今年6月16日首次安装新太阳能电池板，但两名出舱宇航员因宇航服故障耽误了时间，导致该次任务未能按计划装上新电池板。2016年1月15日，两名宇航员走出国际空间站，成功更换了一个出故障的电力设备，但此后由于一名宇航员头盔内部漏水，这次太空行走被提前叫停。

2010年8月7日，国际空间站两名宇航员出舱，计划为空间站出故障的冷却系统更换液氨泵，但一个"顽固"软管以及中途发生的液氨冷却剂泄漏事故令他们未能完成预定任务。

④ 航天员天上的三个月如何工作和生活?

根据中国载人航天工程办公室发布的消息，6月17日9时22分，航天员聂海胜、刘伯明、汤洪波将乘神舟十二号载人飞船前往空间站天和核心舱，在天上驻留约三个月。

此次发射有哪些看点? 航天员在天上如何生活?

驻留约三个月，聂海胜三上太空

经空间站阶段飞行任务总指挥部研究决定，此次飞行乘组由航天员聂海胜、刘伯明和汤洪波三人组成，聂海胜担任指令长，备份航天员为翟志刚、王亚平、叶光富。

作为一名经验丰富的航天员，聂海胜此前曾参加过神舟六号、神舟十号载人飞行任务。航天员刘伯明参加过神舟七号载人飞行任务，航天员汤洪波是首次飞行。

神舟十二号飞船入轨后，采用自主快速交会对接模式对接于天和核心舱的前向端口，与天和核心舱、天舟二号货运飞船形成组合体。航天员进驻核心舱，执行天地同步作息制度进行工作生活。驻留约三个月后，搭乘飞船返回舱返回东风着陆场。

训练均超 6000 学时，航天员主要肩负四大任务

根据神舟十二号载人飞行任务总体安排，三名航天员在轨期间将主要完成四个方面的工作，计划开展两次出舱活动及舱外作业。

中国载人航天工程办公室主任助理季启明介绍，这四项主要任务包括：

——开展核心舱组合体的日常管理。包括天和核心舱在轨测试、再生生保系统验证、机械臂测试与操作训练，以及物资与废弃物管理等。

——开展出舱活动及舱外作业。包括舱外服在轨转移、组装、测试，进行两次出舱活动，开展舱外工具箱的组装、全景摄像机抬升和扩展泵组的安装等工作。

——开展空间科学实验和技术试验。进行空间应用任务实验设备的组装和测试，按程序开展空间应用、航天医学领域等实（试）验，以及有关科普教育活动。

——进行航天员自身的健康管理。按计划开展日常的生活照料、身体锻炼，定期监测、维持与评估自身健康状态。

此次载人飞行，距离中国上一次载人飞行已经过去了近 5 年时间。5 年来，根据空间站阶段任务特点要求，有关方面开展了航天员乘组选拔和针对性训练工作。

据介绍，此次任务航天员乘组选拔按照"新老搭配，以老带新"的方式，结合航天员飞行经历、相互协同能力等方面，选拔出飞行乘组和备份航天员。周密制订了航天员训练方案和计划，扎实开展了地面训练和任务准备，每名航天员训练均超过了 6000 学时。特别是针

对空间站技术、出舱活动、机械臂操控、心理以及在轨工作生活开展了重点训练。

太空生活：睡觉自由、WiFi 覆盖、"包裹式淋浴间"……

于 2011 年成功发射的天宫一号，发射重量 8 吨左右，提供给航天员的舱内活动空间为 15 立方米，可以满足 3 名航天员同时在轨工作和生活的需要。这相对于神舟七号 7 立方米的舱内活动空间有了较大提升，但是依然比较局促。

为了提高航天员太空生活的"舒适度"，2021 年我国开始建造空间站时，设计师们为航天员预留了相对充裕的生活环境，舱内活动空间从天宫一号的 15 立方米提升到了整站 110 立方米。

同时，中国空间站本着"人性化"的设计理念，分别设置了生活区和工作区。生活区内有独立的睡眠区、卫生区、锻炼区，还配有太空厨房及就餐区。在设计上最大程度考虑到私密性和便利性，极大地提高了航天员的太空生活质量。

此外，航天员还能实现"睡觉自由"。虽然他们还得把自己"装进睡袋"，但已经实现了从"站睡"到"躺平"，独立的睡眠区能够让航天员更放松，享受相对高质量的睡眠，让他们的太空工作和生活更加"元气满满"。

在太空，航天员虽然不能享受和地球上一样的淋浴和泡澡，但每个人都能够在一个"包裹式淋浴间"里，手持喷枪把自己擦拭干净。

除此之外，随着 10 多年来我国无线通信和物联网技术的不断飞跃，设计师们在之前的

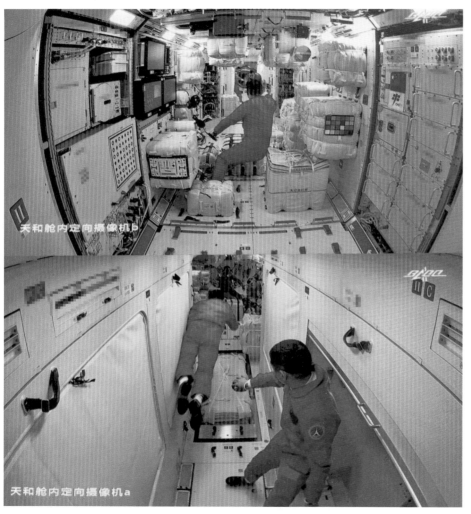

天和舱内定向摄像机b

天和舱内定向摄像机a

◄ 在北京航天飞行控制中心拍摄的神舟十二号载人飞船航天员乘组进驻天和核心舱的画面。（新华社记者 金立旺摄）

► 2021年9月3日，正在天宫空间站执行任务的神舟十二号乘组与香港科技工作者、教师和大中学生进行天地连线互动。（新华社记者 吕小炜摄）

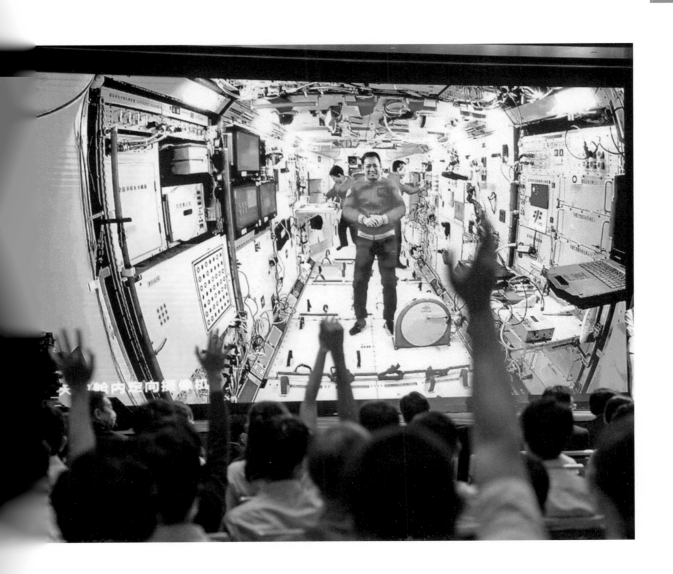

▲ 在北京航天飞行控制中心，航天科研人员在紧张工作。（新华社记者 金立旺摄）

总体设计方案上不断升级，采用全新的信息技术，让中国空间站有了"移动 WiFi"，并创造了一个智能家居生活空间。

在中国空间站里，设计师们给每一个航天员准备了一个手持终端，航天员可以根据个人需求通过 App 调节舱内照明环境，睡眠模式、工作模式、运动模式……不同的舱内灯光，能够调节航天员的情绪，避免长时间处于单调的环境所带来的不适。

在以往的载人航天活动中，天地通话是"传统项目"。在空间站里，设计师们会给航天员预留一条私密语音通道，航天员可以在这里和家人打电话、拉家常，分享在太空生活的心情和感悟，以解离家数月的思乡之情。

地面强力支持：还有个一模一样的"空间站"

空间站建造和运营的每分每秒，都有地面工作人员密切关注。不仅如此，地面还有一个和天上一模一样的"空间站"，就是为了确保在遇到突发情况时，地面人员能够根据模拟空间站的实际情况，给太空中的航天员提供强有力的地面支持。

在中国航天科技集团五院空间站系统研制团队中，有一支队伍专门负责为航天员提供生命保障，打造一个安全舒适的太空工作居住环境。

为了营造一个航天员宜居的环境，设计师们需要在地面上想象舱内的生活和工作，反复模拟进行设计，并编写操作指南，图文并茂地介绍给航天员。设计师们说，团队成员很大一部分工作内容就是与航天员沟通，不断优化细节。

5 中国航天进入空间站建造关键时期

4月29日上午，我国在海南文昌成功发射空间站天和核心舱。中国载人航天工程办公室主任郝淳在接受新华社记者采访时表示，空间站建造是中国载人航天"三步走"战略的第三步，自2010年立项以来，目前已进入空间站建造的关键时期。

航天员太空驻留半年将成常态

郝淳介绍说，空间站建造分为空间站关键技术验证和空间站建造两个阶段进行，每个阶段各规划了6次飞行任务，共12次。其中，2020年5月，长征五号B运载火箭首飞成功。

2021年，要实施关键技术验证阶段的5次飞行任务，其中包括发射空间站天和核心舱。"之后，我们将在5月和6月，分别实施天舟二号货运飞船和神舟十二号载人飞船的发射。"郝淳表示，其中神舟十二号载人飞船上，航天员乘组有3个人，他们将在轨驻留3个月。

他表示，9月和10月将分别实施天舟三号货运飞船和神舟十三号载人飞船的飞行任务。"其中神舟十三号有3名航天员，他们将在轨驻留6个月。今后，6个月的驻留就是航天员乘组在轨的常态。"

2022 年，我国将全面进入空间站在轨建造阶段，一共规划 6 次飞行任务，包括两次空间站舱段问天、梦天的发射任务，还包括两艘货运飞船和两艘载人飞船的发射任务。"这两艘载人飞船也都分别载有 3 名航天员乘组，在轨驻留 6 个月左右。"

"到 2022 年年底，我们国家的空间站就能完成在轨建造，并转入后续的应用阶段。"郝淳介绍，空间站设计的在轨寿命是不小于 10 年，通过在轨航天维修维护和设备载荷更换，还可以延长在轨工作相当长的时间，有望取得一批具有世界领先水平的科研成果和技术应用成果等科技产出。

航天员乘组有能力完成空间站建造阶段飞行任务

郝淳介绍，空间站建造阶段的航天员飞行乘组任务繁重，要求很高，相对以前的飞行任务来说，对他们的要求有质的变化。

目前，我国已有 11 名航天员进行了 14 人次的在轨飞行，也积累了很多经验。

"但是面对空间站阶段，对航天员和航天乘组的要求会更高。"郝淳介绍，特别是针对航天员出舱活动、舱外维修维护、设备更换以及科学应用载荷的操作，都需要对航天员进行新的、要求更高的系列针对性训练。

目前，共有 4 个航天员飞行乘组在同步开展训练，其中神舟十二号飞行乘组已经完成了绝大部分的任务训练，即将转入任务强化训练阶段，后续的飞行乘组也都按照计划开展各项训练。

"从训练的成效来看，航天员乘组有能力完成空间站建造阶段的飞行任务。"郝淳说。

过去，我国航天员基本上都是从空军飞行员里选拔的，主要的身份角色是驾驶航天器。为了满足空间站阶段的各项要求，在第三批航天员选拔过程中，丰富了航天员乘组的类型，增加了工程师和载荷专家这两类航天员。

郝淳表示："在后续选拔中，我们还会扩大候选航天员的选拔范围，从高等院校、科研院所，乃至其他有志于航天事业的科技人员中进行选拔。"

17 个国家正式确认参加中国空间站科学实验

太空是人类共同的财富，航天事业也是人类共同的事业。

郝淳介绍，空间站工程实施以来，我国先后和联合国外空司等一大批国家和地区的行业机构，开展了广泛的交流和合作，涉及的领域包括航天技术、空间科学研究与应用、航天员选拔训练等各个方面。

截至目前，我国与联合国外空司围绕着利用中国空间站开展应用合作签署了合作协议，还对外征集了第一批合作项目。郝淳说："已有 17 个国家参与进来，正式确认参加中国空间站的科学实验。后续中国还将和联合国外空司继续征集后续批次的合作项目。"

郝淳表示，未来，还会有外国航天员参加中国的航天飞行，在中国的空间站进行工作和生活，一些外国航天员已经为参加中国的航天飞行开始学中文。

Chapter

05

第五章

神舟十二号
飞行纪实

1　起飞，天和！
——中国空间站天和核心舱飞天现场直击

苍茫的大海，密布的乌云，剑指苍穹的长征火箭……

4月29日，海南文昌。中国航天迎来一个可以载入史册的时刻——天和核心舱发射。

这也是中国空间站建造阶段的首次发射。

8时稍过，中国载人航天工程办公室透露，长征五号B遥二运载火箭已完成推进剂加注。

此时，海风轻拂椰林，高大挺拔的发射塔架巍然矗立，空间站天和核心舱进入发射倒计时。

最大直径4.2米，发射重量22.5吨，天和核心舱是我国目前最大的航天器，也是空间站的主控舱段，主要对整个空间站的飞行姿态、动力性、载人环境进行控制。

"各号注意，30分钟准备！"

10时53分，发射任务01指挥员廖国瑞发出倒计时口令。

在氮气气源库工作的技术人员黄腾达和同事们，把设备切换成远程控制模式，开始撤离工作岗位。余下的工作，将由远在数公里之外的工作人员接手。

高度信息化、自动化，是天和核心舱发射的特点之一。

为了这一天，中国航天走过了 29 年——

1992 年，党中央作出实施载人航天工程"三步走"发展战略：第一步，发射载人飞船，建成初步配套的试验性载人飞船工程并开展空间应用实验；第二步，突破航天员出舱活动技术、空间飞行器的交会对接技术，发射空间实验室，解决有一定规模的短期有人照料的空间应用问题；第三步，建造空间站，解决有较大规模的长期有人照料的空间应用问题。

"各号注意，15 分钟准备！"

11 时 08 分，01 指挥员的倒计时口令再次发出。

被称为"金手指"的程子平在测发大厅内密切注视着电脑屏幕前的数据状态变化。他的职责是为长征五号 B 发射按下点火按钮，送天和核心舱出征。

承压、连续、坚守，面对多箭多装备同时在场测试，关键环节多、危险操作多、工作安排紧的情况，发射场科技人员大力强化质量控制管理和科技创新，这是这座年轻航天发射场的鲜明特征。

为了这一天，文昌航天发射场走过了 14 年——

2007 年 8 月，党中央、国务院作出重大战略决策：在海南文昌建设我国新一代运载火箭发射场。一批西昌航天人走出大凉山，千里辗转奔赴海南。

▲ 4月29日11时23分，中国空间站天和核心舱在我国文昌航天发射场发射升空，准确进入预定轨道，任务取得成功。（新华社记者 张丽芸摄）

从长七、长五首飞到天舟升空，从长五遥二失利后的沉寂，到长五遥三复飞、长五 B 首飞、我国首次火星探测任务、嫦娥五号发射……伴随着一枚枚火箭腾飞，文昌航天发射场一期能力已经全面形成，拉开了二期和后续职能拓展和能力提升的序幕，为建设世界一流航天发射场奠定坚实基础。

"各号注意，5 分钟准备！"

"各号注意，1 分钟准备！"

扶持火箭的摆杆徐徐打开，发射塔架上与火箭相连的各系统设备自动脱落。

指控大楼、观景平台、测控点号……人们屏住呼吸，或远眺火箭，或紧盯屏幕，原本热闹的发射场安静下来。

"10、9……3、2、1，点火！"11 时 23 分，伴着山呼海啸般的巨响，长征五号 B 运载火箭拖曳着耀眼的尾焰拔地而起。

"火箭飞行正常！""跟踪正常！""遥测信号正常！"……指控大厅内，火箭飞行数据从各测控点实时接力奔涌而至。

约 174 秒，整流罩分离。

约 494 秒后，舱箭成功分离。

12 时 36 分，中国空间站天和核心舱发射任务取得圆满成功！

此时此刻，所有人都在热情地鼓掌、握手、拥抱、欢呼，还有人眼含泪花。

探索浩瀚宇宙，发展航天事业，建设航天强国，是我们不懈追求的航天梦。从东方红一号开启太空时代，到今天空间站太空开建，中国航天再次踏上了新"长征"。

"按规划，空间站将在 2022 年前后建成。在轨飞行可达 10 年以上，支持开展大规模的空间科学实验、技术试验和空间应用等活动。"中国载人航天工程总设计师周建平说。

站在指控大楼远眺，火箭腾空后的发射塔架依旧伫立海滨，发射场工作人员开始了发射后维护工作。

此时此刻，执行天舟二号货运飞船发射任务的长征七号遥三运载火箭，正在文昌航天发射场按计划开展发射场区总装和测试工作。

再过一段时间，他们将从这里起飞，飞赴太空与天和相约。

此时此刻，执行神舟十二号载人航天飞行任务的载人飞船及长征二号 F 遥十二运载火箭，正在千里之外的酒泉卫星发射中心开展发射场区总装和测试工作。

再过一段时间，他们也将从那里起飞，飞赴太空与天和相约。

逐梦苍穹

② 天和核心舱和天舟二号组合体状态良好

中国载人航天工程办公室主任助理季启明在 16 日上午召开的新闻发布会上介绍说，截至当日，天和核心舱和天舟二号组合体已在轨运行 17 天，目前状态良好，平台设备工作正常，满足与神舟十二号载人飞船交会对接以及航天员进驻的条件。

季启明介绍，天和核心舱与天舟二号货运飞船入轨后，已按计划完成了 9 类 42 项测试，主要包括平台基本功能、交会对接、航天员驻留、机械臂爬行与在轨辨识、出舱功能以及科学实验柜等测试内容，目前状态良好，平台设备工作正常。组合体已调整到高度约 390 公里的近圆对接轨道，建立起交会对接姿态和载人环境。经分析确认，组合体满足与神舟十二号交会对接以及航天员进驻的条件。

天和核心舱提供了 3 倍于天宫二号空间实验室的航天员活动空间，配备了 3 个独立卧室和 1 个卫生间，保证航天员日常生活起居。在航天食品方面，配置了 120 余种营养均衡、品种丰富、口感良好、长保质期的航天食品。就餐区域配置了食品加热、冷藏及饮水设备，还有折叠桌，方便航天员就餐。锻炼区配备有太空跑台、太空自行车，用于航天员日常锻

炼。通过天地通信链路和视频通话设备，可
实现空间站与地面的双向视频通话和收发电
子邮件。在载人环境控制方面，相比前期载
人飞行任务，空间站核心舱配置了再生式生
命保障系统，包括电解制氧、冷凝水收集与
处理、尿处理、二氧化碳去除，以及微量有
害气体去除等子系统，能够实现水等消耗性
资源的循环利用，保障航天员在轨长期驻留。

▶ 5月29日晚，我国在海南文昌航天发射场准时点火发射
天舟二号货运飞船。这是空间站货物运输系统的第一次应用
性飞行。

　　据中国载人航天工程办公室介绍，5月29日20时55分，
搭载天舟二号货运飞船的长征七号遥三运载火箭，在我国文
昌航天发射场点火发射，约604秒后，飞船与火箭成功分离，
精确进入预定轨道。21时17分，太阳能帆板两翼顺利展开
工作，发射取得圆满成功。（新华社记者 蒲晓旭摄）

▲ 5月29日晚，我国在海南文昌航天发射场准时点火发射天舟二号货运飞船。这是空间站货物运输系统的第一次应用性飞行。（新华社记者 蒲晓旭摄）

③ 3 名航天员成功飞天入驻"天和"
中国载人航天事业启航新征程

九霄逐梦再问天，阔步强国新征程。6 月 17 日，航天员聂海胜、刘伯明、汤洪波乘神舟十二号载人飞船成功飞天，成为中国空间站天和核心舱的首批入驻人员，开启了中国载人航天工程空间站阶段的首次载人飞行任务。

9 时 22 分，长征二号 F 遥十二运载火箭在酒泉卫星发射中心准时点火发射。这是长征二号 F 火箭的第 7 次载人发射任务。

约 573 秒后，船箭成功分离。神舟十二号载人飞船进入预定轨道，飞行乘组状态良好，发射取得圆满成功！

那一刻，天和核心舱与天舟二号的组合体正运行在约 390km 的近圆对接轨道，状态良好，静待神舟。

15 时 54 分，飞船采用自主快速交会对接模式，成功对接于天和核心舱前向端口，与此前已对接的天舟二号货运飞船一起构成三舱（船）组合体，历时约 6.5 小时。

◄ ► 2021 年 6 月 17 日 9 时 22 分，搭载神舟十二号载人飞船的长征二号 F 遥十二运载火箭，在酒泉卫星发射中心准时点火发射，约 573 秒后，神舟十二号载人飞船与火箭成功分离，进入预定轨道，顺利将聂海胜、刘伯明、汤洪波 3 名航天员送入太空，飞行乘组状态良好，发射取得圆满成功。（新华社记者 刘磊摄）

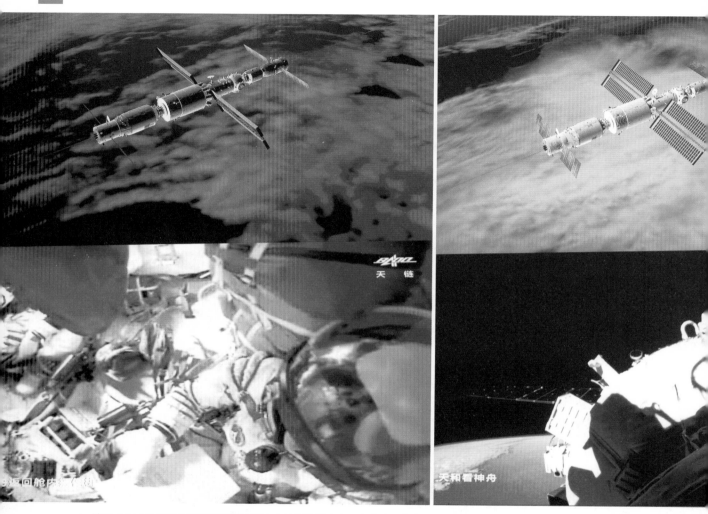

▲ 这是 6 月 17 日在北京航天飞行控制中心拍摄的神舟十二号载人飞船与天和核心舱自主快速交会对接成功的画面，与此前已对接的天舟二号货运飞船一起构成三舱（船）组合体。（新华社记者 金立旺摄）

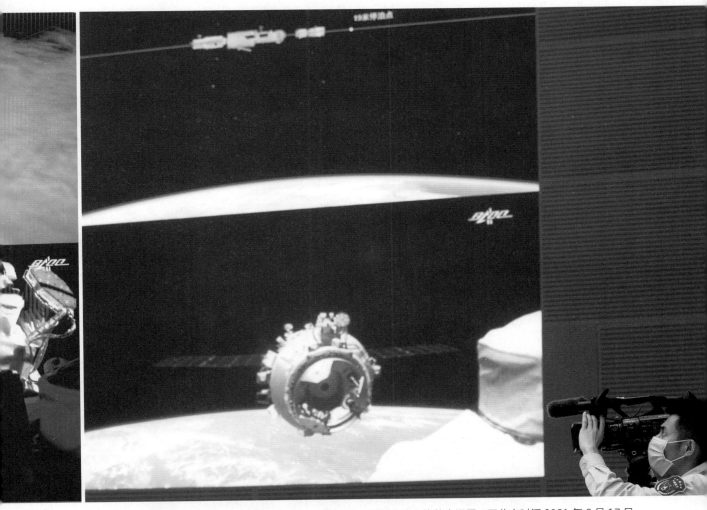

▲ 据中国载人航天工程办公室消息，神舟十二号载人飞船入轨后顺利完成入轨状态设置，于北京时间 2021 年 6 月 17 日 15 时 54 分，采用自主快速交会对接模式成功对接于天和核心舱前向端口，与此前已对接的天舟二号货运飞船一起构成三舱（船）组合体，整个交会对接过程历时约 6.5 小时。这是天和核心舱发射入轨后，首次与载人飞船进行的交会对接。（新华社记者 金立旺摄）

天和舱内定向摄像机b

▲ ▶ 6 月 17 日在北京航天飞行控制中心拍摄的进驻天和核心舱的航天员向全国人民敬礼致意的画面。

　　据中国载人航天工程办公室消息，在神舟十二号载人飞船与天和核心舱成功实现自主快速交会对接后，航天员乘组从返回舱进入轨道舱。按程序完成各项准备后，先后开启节点舱舱门、核心舱舱门，北京时间 2021 年 6 月 17 日 18 时 48 分，航天员聂海胜、刘伯明、汤洪波先后进入天和核心舱，标志着中国人首次进入自己的空间站。后续，航天员乘组将按计划

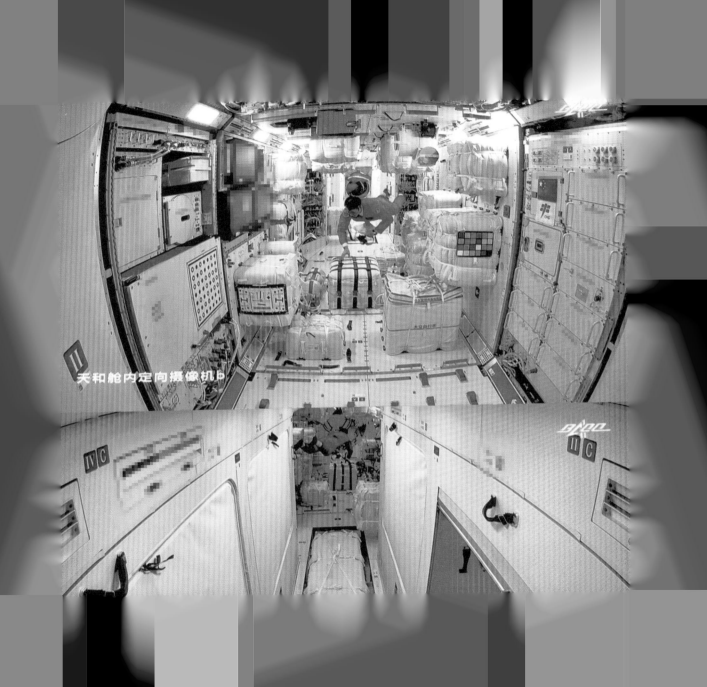

这是天和核心舱自 4 月 29 日发射入轨后，首次与载人飞船进行的交会对接。

18 时 48 分，航天员聂海胜、刘伯明、汤洪波先后顺利进驻天和核心舱，标志着中国人首次进入自己的空间站。

三度飞天的聂海胜、再叩苍穹的刘伯明，与首征太空的汤洪波一起，开始了中国人迄今为止时间最长的太空飞行。

航天员乘组将完成为期 3 个月的在轨驻留，开展机械臂操作、出舱活动等工作，验证航天员长期在轨驻留、再生生保等一系列关键技术。

神舟十二号载人航天飞行任务，是我国载人航天工程立项实施以来的第 19 次飞行任务。

党中央 1992 年作出实施载人航天工程"三步走"发展战略以来，经过近 30 年独立自主发展和接续奋斗，中国载人航天已圆满完成第一步、第二步全部既定任务，当前，正向着建造空间站、建成国家太空实验室全力进发。

中华民族的飞天征程，站在了新的起点上。

神舟十二号载人飞船与
天和核心舱完成自主
快速交会对接

　　载人航天工程也将迎来前所未有的高密度发射——按照空间站建造任务规划，今明两年共实施 11 次飞行任务，2022 年完成空间站在轨建造，建成国家太空实验室，之后，空间站将进入运营阶段。

　　那又是一段豪迈壮阔的征程。

神舟十二号 3 名航天员
顺利进驻天和核心舱

4 航天员两次出舱活动取得圆满成功

据中国载人航天工程办公室消息，北京时间 2021 年 7 月 4 日 14 时 57 分，经过约 7 小时的出舱活动，神舟十二号航天员乘组密切协同，圆满完成出舱活动期间全部既定任务，航天员刘伯明、汤洪波安全返回天和核心舱，标志着我国空间站阶段航天员首次出舱活动取得圆满成功。

这是继 2008 年神舟七号载人飞行任务后，中国航天员再次实施的空间出舱活动，也是空间站阶段中国航天员的首次空间出舱活动。

此次出舱活动，天地间大力协同、舱内外密切配合，圆满完成了舱外活动相关设备组装、全景相机抬升等任务，首次检验了我国新一代舱外航天服的功能性能，首次检验了航天员与机械臂协同工作的能力及出舱活动相关支持设备的可靠性与安全性，为空间站后续出舱活动的顺利实施奠定了重要基础。

▶ 7月4日，在北京航天飞行控制中心大屏拍摄的航天员在舱外工作场面。（新华社记者　金立旺摄）

▲ 7月4日，在北京航天飞行控制中心大屏拍摄的航天员在舱外工作场面。

　　据中国载人航天工程办公室消息，北京时间2021年7月4日8时11分，神舟十二号乘组航天员刘伯明成功开启天和核心舱节点舱出舱舱门，截至11时02分，航天员刘伯明、汤洪波身着中国自主研制的新一代"飞天"舱外航天服，已先后从天和核心舱节点舱成功出舱，并已完成在机械臂上安装脚限位器和舱外工作台等工作，后续将在机械臂支持下，相互配合开展空间站舱外有关设备组装等作业。期间，在舱内的航天员聂海胜配合支持两名出舱航天员开展舱外操作。（新华社记者 金立旺摄）

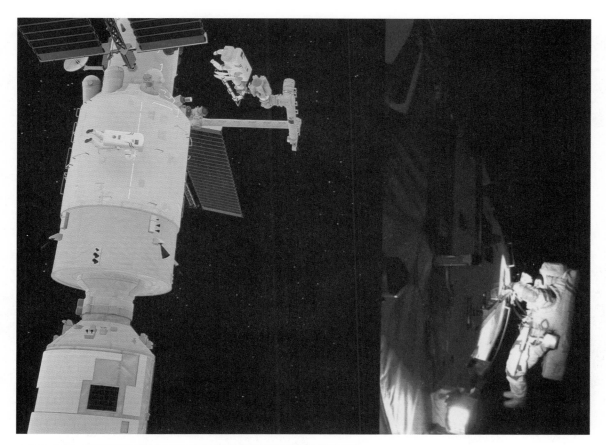

▲ 7 月 4 日，在北京航天飞行控制中心大屏拍摄的航天员在舱外工作场面。

　　据中国载人航天工程办公室消息，北京时间 2021 年 7 月 4 日 14 时 57 分，经过约 7 小时的出舱活动，神舟十二号航天员乘组密切协同，圆满完成出舱活动期间全部既定任务，航天员刘伯明、汤洪波安全返回天和核心舱，标志着我国空间站阶段航天员首次出舱活动取得圆满成功。（新华社记者 金立旺摄）

和舱内定向摄像机b

▲ 7月4日，在北京航天飞行控制中心大屏拍摄的舱内航天员聂海胜配合支持两名出舱航天员开展舱外操作。（新华社记者 金立旺摄）

▲ 这是空间站全景相机拍摄的地球画面（7 月 4 日摄于北京航天飞行控制中心）。（新华社记者 金立旺摄）

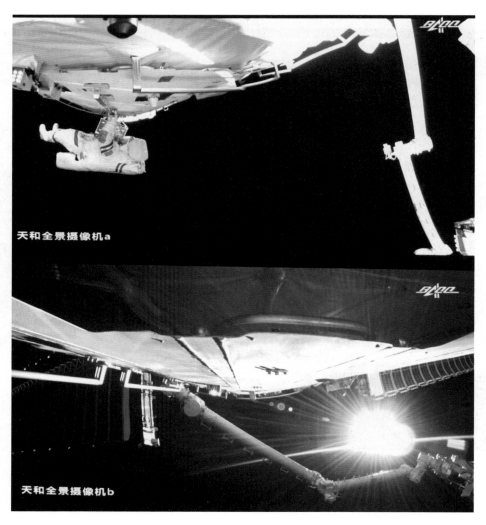

天和全景摄像机a

天和全景摄像机b

◀ 8月20日在北京航天飞行控制中心大屏拍摄的神舟十二号乘组航天员在舱外工作场景。（新华社记者 田定宇摄）

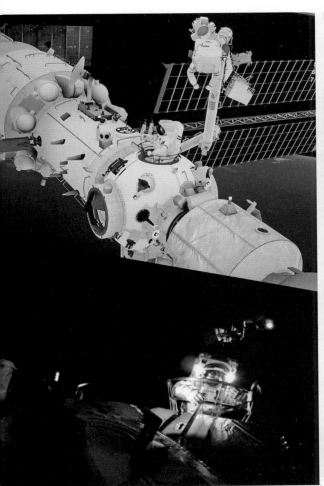

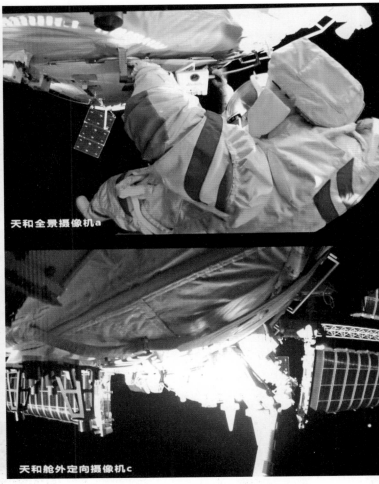

天和全景摄像机a

天和舱外定向摄像机c

▲ 8月20日在北京航天飞行控制中心大屏拍摄的神舟十二号乘组航天员刘伯明准备出舱画面。（新华社记者 田定宇摄）

▲ 8月20日在北京航天飞行控制中心大屏拍摄的神舟十二号乘组航天员在舱外工作场面。（新华社记者 田定宇摄）

　　8月20日14时33分，经过约6小时的出舱活动，神舟十二号航天员乘组密切协同，圆满完成出舱活动期间全部既定任务，航天员聂海胜、刘伯明安全返回天和核心舱，比原计划提前了约1小时，空间站阶段第二次航天员出舱活动取得圆满成功。

　　这次出舱活动，天地间大力协同、舱内外密切配合，先后完成了舱外扩展泵组安装、全景相机D抬升等任务，全过程顺利圆满，进一步检验了我国新一代舱外航天服的功能性能，检验了航天员与机械臂协同工作的能力及出舱活动相关支持设备的可靠性与安全性。

　　神舟十二号载人飞行任务已经进入第三个月。后续，航天员乘组将继续开展空间科学实验和技术试验，计划9月中旬返回东风着陆场。返回前，神舟飞船还将进行绕飞及径向交会试验。

出舱！浩瀚宇宙中
遇见蓝色地球

🛰 延伸阅读：海上"追"神舟
——远望 6 号船执行海上测控任务侧记

6 月 17 日 9 时 22 分，长征二号 F 遥十二运载火箭托举着神舟十二号载人飞船，在酒泉卫星发射中心点火升空。

"火箭运行状态良好，数据接收正常！"

测控接力棒不断传递。万里之外，太平洋季风裹挟着朵朵浪花不断拍打着在预定海域待命的远洋航天测量船"远望 6 号"。

"我们是唯一的海上测控点，承担着护送神舟飞船入轨的重要职责。载人飞行事关航天员的安全，能不能平稳地接过陆海接力这一棒，至关重要！"任务开始前，远望 6 号船测控系统负责人刘童岭对所有机房进行了例行巡视，确保全船数千台（套）设备已调至最佳状态，等待神舟十二号载人飞船的到来。

"目标出地平！"

雷达控制室内，身穿蓝色航天工作服的主操作手胡金辉全神贯注，手握机械转轮，紧盯控制台信号。

"发现目标！"

信号第一次跳动，胡金辉迅速扫了一眼显示数据，右手熟练地转动操纵杆，稳稳地把"红点"牢牢锁定。

"自跟踪！"

清晰洪亮的指挥口令脱口而出——天线已经准确捕捉到信号。

"长江六号发现目标！"

"长江六号双捕完成！"

"长江六号跟踪正常，遥外测信号正常。"

通过语音传输链路，位于远望6号船测控大厅的调度员李建川将一连串信息与北京航天飞行控制中心进行实时交换。

火箭升空后不久，远望6号船成功将北京航天飞控中心传来的"太阳帆板展开"指令注入飞船——这是一个极其关键的指令。"太阳帆板顺利展开才能为飞船后续工作提供必要能源支持，为神舟十二号与天和核心舱交会对接形成组合体奠定坚实基础。"远望6号船副船长徐荣介绍说。

接到指令后的飞船缓缓打开帆板。很快，北京航天飞控中心根据远望6号船反馈的数据做出判断：太阳帆板展开正常！

随着时间的流逝，一组组数据、语音、画面经过高速计算、交换和刷新，精细的指标参数化作道道电波，穿越茫茫大海奔向祖国。

"长江六号退出跟踪！"

北京时间 17 日 9 时 39 分，李建川向北京航天飞控中心汇报。这意味着神舟十二号载人飞船已经飞出远望 6 号船测控弧段，向着已在太空等待的天和核心舱飞去。

5 神舟十二号载人飞船返回舱成功着陆

北京时间 2021 年 9 月 17 日 13 时 34 分，神舟十二号载人飞船返回舱在东风着陆场成功着陆，执行飞行任务的航天员聂海胜、刘伯明、汤洪波安全顺利出舱，身体状态良好，空间站阶段首次载人飞行任务取得圆满成功。这也是东风着陆场首次执行载人飞船搜索回收任务。

此前，神舟十二号载人飞船已于北京时间 16 日 8 时 56 分与空间站天和核心舱成功实施分离，随后与空间站组合体完成绕飞及径向交会试验，成功验证了径向交会技术。

17 日 12 时 43 分，北京航天飞行控制中心通过地面测控站发出返回指令，神舟十二号载人飞船轨道舱与返回舱成功分离。此后，飞船返回制动发动机点火，返回舱与推进舱分离。返回舱成功着陆后，担负搜救回收任务的搜救分队第一时间抵达着陆现场，返回舱舱门打开后，医监医保人员确认航天员身体健康。

神舟十二号载人飞船
返回舱成功着陆！

延伸阅读：载人飞船返回舱搜救任务克服四大困难

9月17日，神舟十二号载人飞船返回舱在东风着陆场成功着陆，执行此次飞行任务的航天员聂海胜、刘伯明、汤洪波安全顺利出舱。中国载人航天工程着陆场系统副总设计师卞韩城介绍说，这次搜救任务克服了四个比较大的困难。

一是任务直接准备时间短。空间站阶段的载人飞行任务，飞船一直靠泊在空间站上，要到决策返回前的几天，才最终计算飞船返回轨道和返回瞄准点，留给着陆场系统的任务直接准备时间非常短。搜救人员必须在短短的几天时间里，完成所有的搜救前准备工作。

二是需要应对的返回模式多。一般情况下，飞船主要采取升力控制式返回模式，但也可能根据飞船状态临机决策，启用自旋弹道式返回模式，造成落点出现较大范围偏差。此外，还存在提前返回、推迟返回等多种返回模式，针对各种可能的返回模式，着陆场系统都要做好准备。

三是可能出现的异常情况多。飞船有可能着陆于着陆区以外的异常地域，如山地、沙漠、盐碱地、梭梭林地、水域等。搜救过程中有可能遭遇异常天气现象，如大风、沙尘等。返回舱着陆后，有可能出现主伞拖拽返回舱高速滑行、返回舱舱门打不开等工程异常，需要把各种异常情况想周全，并拿出应对措施，反复演练。

四是着陆现场救援要求高。经过 3 个月在轨飞行后，航天员返回地面要重新适应地球重力环境。特别是在返回着陆最初的几个小时，要帮助航天员进行地面重力再适应，防止出现立位耐力下降无法站立和晕厥等症状。

卞韩城介绍说，为圆满完成这次搜救任务，着陆场系统组建 1 支直升机搜救分队、1 支搭载伞降队员的固定翼飞机搜救分队、1 支地面搜救分队，着陆区以外周边 3 旗 3 县 1 市地方政府准备了近 20 支搜救预备队；组建了专业的航天员医监医保医疗救护团队，建设了以直升机、车辆为载体的医监医保医疗救护平台，设计了舱内、舱旁、载体内医监医保流程，演练了舱内防航天员跌落方案，训练了舱外搬运航天员动作，准备了大风和沙尘环境救援保护措施等。

为应对异常情况，参加搜救的直升机上加装了大功率探照灯，具备夜间搜索的能力；直升机上加装电动绞车，在直升机无法降落地域可将救援人员施放至地面；地面搜救队装备了履带式全地形车、配备轮式全地形车，具备了全地域搜救能力。着陆场系统还组建水域救援队，具备水面、水下搜索和救援能力等。

穿越戈壁
接航天员回家！

延伸阅读：离开地球的日子里

3 名航天员离开地球的时候，黑龙江依安县的西瓜还是青绿的秧苗。红星乡的农户刘伯真每天都要下地，伺候他那 60 多亩西瓜秧。

一晃 3 个月，刘伯真的西瓜已经瓜熟蒂落，弟弟刘伯明，也在这个丰收的季节，回到了地球。

是的，外人眼中光芒四射的中国航天员，多数就来自这样普通、朴实的家庭。57 岁的聂海胜，也出生在湖北枣阳一个农村家庭，幼年家境贫寒，甚至吃不饱饭。

在湖南湘潭的湖桥镇，航天员汤洪波 73 岁的父亲汤海秋承包了一口鱼塘，即便烈日当午，老人家还是要戴着草帽，站在塘边撒鱼饲料。

当 3 名航天员远离地球、巡游寰宇时，留在家乡的父老乡亲们，仍在一如既往、年复一年地耕耘劳作。荣誉，属于国家和民族。

离开地球的 3 个月，3 名中国航天员在太空中也一样辛勤"耕耘劳作"。两次成功出舱累计超过 13 小时，圆满完成了舱外活动相关设备组装、全景相机抬升等任务。

　　开学第一课，聂海胜在空间站里打起了太极，汤洪波"用筷子喝茶"，刘伯明用毛笔写下了"理想"两个大字，航天员为全国中小学生进行一场生动的科普教学和爱国主义教育，爱科学、爱太空的思想种子，在一个个幼小的心灵里生根发芽。

▲ 圆满完成神舟十二号载人飞行任务的航天员聂海胜、刘伯明、汤洪波，于2021年9月17日乘坐任务飞机平安抵达北京。聂海胜（中）、刘伯明（右）、汤洪波敬礼。（新华社发　郭中正摄）

3名航天员与近 300 名香港青年学生、科技工作者和教师等展开了一场别开生面的"天地对话"，每一位香港学生代表的提问，都得到了航天员的耐心解答。这场名为"时代精神耀香江"的主题活动，又一次在香港掀起了航天热潮。

离开地球的日子里，中国航天员还用一组震撼大图实现了刷屏的传播效应。

这组由航天员拍摄、中国载人航天办公室官方发布的图片，让全世界看到了人类共同的家园，索马里半岛轮廓清晰可见，北非大地灯火通明，伊犁河谷壮美绝伦。

还有汤洪波舱位上方粘贴的儿子照片，那是一位英雄父亲对亲人的思念。

最振奋人心的，还是那一声来自太空的祝福："祝伟大的中国共产党生日快乐！"国旗、党旗、党徽，辉映着蓝色的星球，红蓝融合，宣示着一个民族的生生不息。

离开地球的日子里，牵挂和关注 3 名航天员的，又何止是父老乡亲。

为迎接 3 名航天员安全、顺利归来，着陆场系统制定了周密、谨慎、温暖的搜救方案，提出了"舱落人到"的搜救目标。固定翼飞机、直升机、全地形车，3 支搜救分队反复演练

"巡天"英雄归来！
一起去追"闪亮的星"

形成 7 套搜救战法和指挥决策流程，着陆区周边 3 旗 3 县 1 市地方政府准备了近 20 支搜救预备队随时可以投入应援。

在距离东风着陆场数千公里外的海南文昌，天舟三号货运飞船与长征七号遥四运载火箭组合体已垂直转运至发射区，发射前的各项功能检查、联合测试正在紧张进行。

天舟三号择日发射后，神舟十三号载人飞船将会紧随其后，搭载另外 3 名中国航天员飞向太空，迎接时间更长、难度更大、要求更高的太空挑战。

东风着陆场首次启用
神舟十二号航天员回家
第一站

Chapter

06

第六章

神舟十二号的
国际反响

中国太空探索达到前所未有的水平：
法国航天专家菲利普·库埃

  法国权威中国航天问题专家、《神舟，中国人在太空》等多本相关书籍作者菲利普·库埃 16 日接受新华社记者专访时表示，3 名中国航天员进驻天和核心舱，"我认为这是一个伟大的时刻。中国航天的发展速度令人惊叹，中国对太空的探索已达到前所未有的水平"。

  库埃说，与神舟十一号飞船航天员的任务相比，此次任务中令人瞩目的作业是中国航天员将进行太空行走。3 名航天员预计在太空生活约 3 个月，与此前相比驻留时间更长，他们准备完成的任务更加密集。从资料看，神舟十二号配有更多设备，航天员进入核心舱后将迅速开展多项复杂的空间实验。

  库埃表示，中国自主建设的空间站处于组装阶段，航天员在此次太空任务中将完成出舱和舱外操作，这是为组装空间站和进行维护而多次太空行走的开端，意义重大。此外，天和核心舱上的太阳能电池板技术有了巨大提升，首次使用的机械臂对于在空间站外执行各种任务有很大帮助。"这些亮点意味着中国空间站开始运转，中国将由此掌握更多载人航天技术。"

　　他还认为，中国航天员进驻天和核心舱后完成的任务将为国际合作提供契机，国际合作伙伴将可以参加中国空间站项目，他国航天器将来有望与该空间站对接，这将使中国空间站成为国际太空合作的重要平台。"为方便对接，科学家们有必要找到一种方法，使中外航天器对接部件标准化。"

　　库埃表示，中国探索太空的活力令他印象深刻，"我真诚祝愿三位中国航天员一切顺利！"

② 海外专家和媒体盛赞中国载人航天工程里程碑式进展

　　三名中国航天员 17 日乘神舟十二号载人飞船前往空间站天和核心舱，并计划驻留约三个月。海外专家和媒体高度评价中国载人航天工程的这一里程碑式进展，认为中国空间站将成为国际太空合作的新平台。

"伟大时刻"

　　法国航天问题专家菲利普·库埃 16 日对新华社记者说，3 名中国航天员进驻天和核心舱是一个"伟大的时刻"，"中国航天事业的发展速度令人惊叹，中国对太空的探索已达到前所未有的水平"。

　　俄罗斯著名航天科普工作者维塔利·叶戈罗夫说："近几个月来，我们看到中国在空间站建设方面取得诸多重要成果，这项工作正在稳步推进。"他表示相信，中国将把太空科研推进到一个新阶段。

巴基斯坦伊斯兰堡空军大学副教授阿里·萨鲁什表示，神舟十二号飞赴天和核心舱是中国航天事业取得的又一重大成就。"中国在航天领域付出巨大努力，成功跻身航天强国之列。"

媒体热议

美国《纽约时报》16日报道说，近年来，中国一系列航天发射和外星着陆任务取得成功，这些成功使中国有望按预定计划推进其他深空探测任务。

英国《卫报》报道，维持空间站运转需完成很多细致复杂的工作，在进驻天和核心舱的这次任务中，中国航天员的目标就是要把他们在太空中的"新家"布置好，准备好日后使用，这是一个很实际的目标。

《日本经济新闻》评论说，中国于今年5月实现无人探测器在火星着陆，中国空间站建设不断取得进展，展现了中国的航天实力。

合作平台

库埃认为，中国航天员进驻天和核心舱后完成的任务将为国际合作提供契机，中国的国际合作伙伴将可以参加中国空间站项目，他国航天器将来有望与该空间站对接，这将使中国空间站成为国际太空合作的重要平台。

叶戈罗夫表示，俄航天部门已对与中方开展太空合作进行了规划，中国在航天领域取得的成功有助于俄航天科研发展。"任何一项科研成果终将成为全人类的成就。中国航天事业的成功为人类了解周围世界、宇宙乃至人类本身作出了贡献。"

萨鲁什说，建成后的中国空间站将成为在近地空间开展各类实验、观测研究太空和其他天体的平台。预计数年后，"许多他国太空科研项目将在中国空间站内开展，这有利于中国与国际伙伴加深太空科研合作"。

3 海外专家和媒体点赞神舟十二号航天员出舱活动

　　7月4日，经过约7小时的出舱活动，神舟十二号航天员乘组圆满完成出舱活动期间全部既定任务，中国空间站阶段航天员首次出舱活动取得圆满成功。海外专家和媒体认为，这是中国航天在坚持独立自主、自力更生的基础上取得的"又一个了不起的成就"，中国航天科技必将造福包括中国在内的世界各国，并为扩大航天领域的国际合作作出重要贡献。

　　墨西哥国立自治大学空间物理学专家何塞·弗朗西斯科·巴尔德斯对新华社记者说，中国向世界证明了中国自主发展航天技术的能力。他说，中国航天科技在短时间里取得的巨大发展令人惊叹。"最重要的是中国研发出了自己的技术，这将造福全人类。"

　　墨西哥国立自治大学航天科技专家亚历杭德罗·法拉·西蒙说，中国航天事业取得里程碑式成就令人喜悦，这次的空间站任务让人类再一次将目光投向太空。未来空间站上的研究成果将会在地球上得到应用。希望空间站任务能推动科技合作，推动各国共同发展。

　　文莱资深媒体人、时政观察家贝仁龙表示，神舟十二号航天员成功进行中国空间站首

▲ 8月20日在北京航天飞行控制中心大屏拍摄的神舟十二号乘组航天员聂海胜、刘伯明在出舱任务结束后挥手示意。（新华社记者 田定宇摄）

次出舱活动，标志着中国航天技术取得了新的重大进步，进一步推进了空间站建设，中国的"太空之家"朝着最终落成并投入运行又迈出坚实一步。

贝仁龙认为，中国一直致力于外层空间的和平探索与利用，并一直以透明和开放的态度与其他国家和国际组织密切合作，为扩大国际合作作出贡献。中国的航天科技不仅将造福包括中国在内的发展中国家，更会造福全人类。

俄罗斯各主流媒体集中报道了神舟十二号航天员出舱活动，介绍他们顺利完成设备组装、全景相机抬升、检验航天员与机械臂协同工作能力等任务。

俄"太空新闻"网站报道指出，此次太空行走是中国在载人航天领域"又一个了不起的成就，反映了中国航天工业的快速发展"，"天和核心舱开始运行和此次出舱活动均具有历史里程碑意义"。报道还认为，中国正与其他国家"在空间实验、基础物理、太空医学和天文学领域进行合作交流，这些举措对于促进空间站合作、开展新的科研活动至关重要"。

意大利《共和国报》报道详细介绍了中国航天员出舱任务及空间站建设进展，感慨中国航天技术的"先进"。意大利《晚邮报》也在其网站上发布了中国航天员出舱活动的视频，称其"激动人心"。意大利国家广播电视公司称中国航天员出舱活动是中国航天工程"史无前例"飞速发展的标志之一。

④ 海外专家和媒体热议神舟十二号乘组凯旋

　　中国神舟十二号载人飞船返回舱 17 日在东风着陆场成功着陆，执行飞行任务的 3 名航天员安全顺利出舱，身体状态良好，空间站阶段首次载人飞行任务取得圆满成功。国外专家和媒体纷纷认为，这显示了中国在太空领域的雄心壮志和实现目标的能力，中方能为国际太空研究作出重要贡献。

　　俄罗斯科学院空间研究所主任研究员埃斯蒙特 17 日对新华社记者说，神舟十二号乘组在 90 天驻留期间完成了两次出舱活动，与机械臂协同工作，开展多项科学实验，非常成功地完成了各项任务。"俄罗斯与中国在太空探索方面的合作开展得很成功，有许多联合探索计划正在两国科研机构框架内实施。我相信国际太空合作将继续扩展，相信中国专家能为国际太空研究作出巨大贡献，这有益于太空事业的所有参与方。"

　　法国权威中国航天问题专家、《神舟，中国人在太空》等多本相关书籍作者菲利普·库埃接受新华社记者采访时说："神舟十二号任务是一个巨大成功，有助于中国继续在航天领域取得进展。中国航天员两次出舱活动及舱外作业给我留下深刻印象。与神舟七号执行的首次出舱相比，本次任务取得了巨大进步。简而言之，神舟十二号任务完成得无懈可击。"

巴西圣保罗大学能源与环境研究所所长伊尔多·萨乌埃尔对记者说，神舟十二号任务实现了对太空的进一步探索掌握。空间科学需在多领域将科学知识转化为技术设备并集成大量设备与系统，这无疑是国家能力的具体体现。这位专家认为，中国能以新方式探索太空，中国的空间站和月球、火星等探索计划承担了这种先锋角色。

澳大利亚国立大学天体物理学博士布拉德·塔克表示，神舟十二号载人飞行任务取得圆满成功，显示了中国在太空领域的雄心壮志和实现目标的能力。此次任务是保障中国空间站投入使用的重要一步，中国航天员为此开展了大量工作。预计中国空间站将承担来自世界各地的科学实验，这些太空科研活动非常重要。

文莱资深媒体人贝仁龙表示，建设和运营空间站是衡量一个国家经济、科技和综合国力的重要标志。神舟十二号航天员圆满完成中国空间站关键技术验证和各项载人飞行任务，表明中国的航天技术达到国际先进水平。与个别西方大国在航天领域封闭、排外的做法不同，中国不仅一直致力于外层空间的和平探索与利用，还以开放态度与其他国家和国际组织保持密切合作。

中国"太空出差三人组"顺利返回地球的消息使海外媒体持续"刷屏"。

多家英国媒体报道了神舟十二号航天员重返地球并平安着陆，称此次太空任务刷新了中国航天员单次飞行任务的太空驻留时间纪录，3 名中国航天员与地面飞控人员协同密切。

英国广播公司在报道中分析说，此次成功是中国在太空领域日益增长的信心和能力的又一次证明。

据德新社 17 日报道，在中国完成其迄今时间最长的载人航天任务之后，下一批中国航天员预计不久将出发前往空间站。如果国际空间站按计划在未来几年退役，中国将是唯一运营空间站这样的"太空前哨"的国家。

德新社和德国之声均在其报道中分析认为，神舟十二号航天员在长达 3 个月的飞行任务后顺利返回地球，中国载人航天迈出的这重要一步表明中国正稳步推进其太空计划。

神舟十二号航天员此次太空之旅拍摄的照片引发全球网友点击浏览。美国"趣味科学"网站评论说，神舟十二号航天员从太空轨道上拍摄了一大批令人惊叹的图像。美国太空网站 Space.com 对这些照片评论说，从太空看，我们的星球永远不老。

中国航天员顺利返航
外媒这么看

霜染东风，秋揽神舟

——神舟十二号载人飞船飞行任务全记录

回家的日子，总是洒满了阳光，连戈壁荒漠里的石头，也被寒霜染得绚烂无比。

当第一缕阳光洒进东风着陆场，发动机的轰鸣叩醒了这片沉寂的荒原。

北京时间9月17日13时34分，神舟十二号载人飞船返回舱在东风着陆场预定区域成功着陆，执行飞行任务的航天员聂海胜、刘伯明、汤洪波安全顺利出舱，身体状态良好，中国载人航天空间站阶段首飞完美收官。

三个月前，神舟十二号载人飞船从东风航天城腾空，将三名航天员送上太空。

三个月后，金色戈壁再揽神舟入怀。

秋色正好，胡杨渐黄，中国载人航天事业在新的阶段走出了铿锵的步伐。

跨越是一种勇气

6月17日，也是这样一个阳光灿烂的日子，长征二号 F 遥十二运载火箭搭载神舟十二号飞船，在酒泉卫星发射中心点火升空。

那天，有摄影师用长曝光捕捉到了那壮美的一刻——神箭托举神舟，在碧蓝的天幕上划出一道极漂亮的弧线，消逝在大气层外。

这是中国航天的新高度。中国载人航天空间站阶段的首次载人飞行任务就此展开。

建造空间站、建成国家太空实验室，是实现我国载人航天工程"三步走"战略的重要目标，是建设科技强国、航天强国的重要引领性工程。回望飞天之路，神舟系列飞船的每一次升空、每一次飞行、每一次着陆，无一不是在艰辛中铸就辉煌，在挑战中实现跨越——

1992年9月21日，中国的载人航天工程正式启动，代号"921工程"。

其时，世界航天大国已在这一领域行进了30余年：苏联研发的第三代飞船已经升空，建设了两个空间站；美国则完成了从飞船向航天飞机的跨越。

面对重重压力，中国载人航天白手起家。

1999年11月20日，酒泉卫星发射中心，神舟一号无人飞船在长征火箭的托举下拉开了中国载人航天的大幕。中国航天人用短短7年时间，走完了发达国家用三四十年走过的路。

有西方媒体评论：中国一夜之间，跻身世界航天大国行列。

从无人飞行到载人飞行，从一人一天到多人多天，从舱内实验到太空行走，从单船飞行

神舟十二号返回舱
开伞

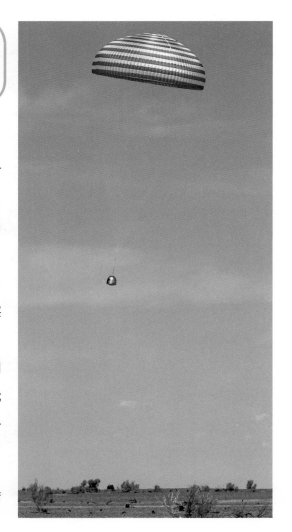

到组合体稳定运行……中国载人航天事业一步一个脚印地向着既定目标前进，在较短的时间内，以较少的投入，高标准、高质量、高效益地走出了一条具有中国特色的载人航天工程发展道路。

"各号注意，我是北京，飞船转 200 米保持，状态正常，天和核心舱对接前状态正常，继续实施交会对接。"

就在神舟十二号发射 6.5 小时后，飞船采用自主快速交会对接模式，成功对接于天和核心舱前向端口，与此前已对接的天舟二号货运飞船一起构成三舱（船）组合体。

▶ 9 月 17 日，神舟十二号载人飞船返回舱在东风着陆场成功着陆。（新华社记者 任军川摄）

　　此前，神舟八号到神舟十一号飞船与天宫一号、天宫二号交会对接，通常需要约两天的时间。从两天缩短到 6.5 小时，有媒体将之比作"从绿皮火车升级到高铁动车"。

　　在神舟十二号飞行任务中，三度飞天的聂海胜、再叩苍穹的刘伯明，与首征太空的汤洪波一起，顺利进驻天和核心舱，成为入驻中国空间站的第一批主人。

　　短时间、高效率的交会对接，使航天员飞行体验有了很大提升，全自主的交会对接模式也大大减少了地面飞行控制人员的工作量和工作时间。

▲ 神舟十二号载人飞船返回舱在东风着陆场成功着陆。（新华社记者 琚振华摄）

▲ 工作人员在对返回舱进行处置（无人机照片）。（华社记者 连振摄）

　　这仅仅是神舟十二号创新突破的一个小小侧面。为满足航天员在轨驻留期间的应急救援需要，长二 F 火箭系统进行了 108 项技术状态的更改，增加了故障检测和逃逸系统，以确保航天员在发射过程中的安全。

　　神舟十二号的飞船系统应急救援标准也进一步提高，当船箭组合体在发射塔准备发射时，另一艘地面待命救援飞船也已经完成推进剂加注前准备，随时可启动后续发射工作程序。

　　发射场系统、测控通信系统技术的状态变化也多达 100 多项，以满足具备应急发射救援能力的需求。

　　因为在轨驻留时间还会越来越长，航天员选拔训练的要求显著提高。应急救生、积极撤离、积极救援、待援、故障处置……航天员需要接受训练的科目和内容更多，难度更大，平均达到了 6000 学时以上。

　　在征服宇宙的路上，挑战永远存在，创新永无止境。中国航天人正在奋笔书写世界航天史上的"中国式跨越"新篇章。

这么近！新华社记者独家视角实拍返回舱着陆

梦想成就荣耀

北京时间 2021 年 9 月 16 日 8 时 56 分，神舟十二号载人飞船与空间站天和核心舱成功实施分离。

夏去秋来，神舟十二号航天员乘组已在空间站组合体工作生活了 90 天，刷新了中国航天员单次飞行任务太空驻留时间的纪录。

这是中国航天又一个崭新的刻度。

3 个月来，神舟十二号完成了在轨组装建造、维护维修、舱外作业、空间应用、科学试验以及空间站监控和管理等一系列任务，进一步验证载人天地往返运输系统的功能性能，全面验证航天员长期驻留保障技术，在轨验证航天员与机械臂共同完成出舱活动及舱外操作的能力。

而 90 天里，"太空出差三人组"工作与生活的点点滴滴，更为地面上的人们展示了一个充满浪漫与奇幻的太空世界。

巡天太极、筷子夹茶水、太空动感单车、空间站折叠厨房……一系列新奇而有趣的"太空细节"将遥远神秘的深空拉近至普通人的身边。

如果说当年的一飞冲天，是古老中国千年飞天梦想的"圆梦"之行，那么这一次的中国空间站首征，更是点燃新一季太空向往的"造梦"之旅。

"哇，这外面太漂亮了！"打开舱门，极目宇宙，这是刘伯明出舱时发出的第一句感叹。7

月 4 日，中国空间站阶段的首次出舱活动成功实施。一系列技术的挑战与突破之前，首先扑面而至的，是太空带给人类如梦如幻的美感。

科技之光，太空之美。刘伯明回味，那种美用漂亮来形容是不够的——远望天边，如同雨后的彩虹五彩缤纷，左手是月亮，那是地球唯一的天然卫星，阴柔幽美；右手是刚刚升起的太阳，那是滋润万物的能量之源，光芒万丈。

这是时隔 13 年，继神舟七号航天员翟志刚首次出舱后，中国航天员再一次出舱，历时约 7 小时，又一次把足印印在寥廓深空。

8 月 20 日，神舟十二号航天员乘组圆满完成第二次出舱活动，进一步检验了我国新一代舱外航天服的功能性能，检验了航天员与机械臂协同工作的能力及出舱活动相关支持设备的可靠性与安全性。

比起神舟七号，神舟十二号的出舱任务从时长、难度和工作量上都数倍增加。中国航天员凭着过硬的本领，将"太空漫步"走得扎扎实实。第二次出舱活动，航天员完成舱外活动的时间甚至比原计划提前了 1 小时。

梦想是种子，它需要用汗水浇灌，需要日复一日的精耕细作来实现。出征前，航天员聂海胜曾向记者谈起训练的状态："只在春节休了 3 天假，其他时间从早到晚都被训练安排得满满当当。""穿着水下训练服，一练就是好几个小时，饿了渴了只能喝口水，脸上流汗了、身上哪里痒了痛了都只能忍着，训练结束后累得一身汗，饭都吃不下。"

正是凭着这种"特别能吃苦"的精神，中国航天人在登天的阶梯上不断攀登，把一个又一个超越梦想的跨越，标记在浩瀚太空。

　　9月3日，"时代精神耀香江"之仰望星空话天宫活动在京港两地拉开帷幕，在万众瞩目的"重头戏"——天地连线互动中，航天员将这份心得，连同他们的太空体验一起，带给东方之珠的孩子们。

▲ 9月17日，神舟十二号载人飞船返回舱在东风着陆场成功着陆。这是航天员聂海胜（中）、刘伯明（右）、汤洪波安全顺利出舱。（新华社记者 连振摄）

"中国梦，航天梦，有你有我。"刘伯明说。

当个人的梦想与民族的梦想相连接时，必能生发出璀璨夺目的光芒。现在已是中国载人航天工程副总设计师的杨利伟说："在太空中，当我向全世界展示中国国旗时，那一刻我觉得我是最酷的。"

当三名航天员在空间站里齐声祝福"祝伟大的中国共产党生日快乐"那一刻，"你"和"我"都是最酷的。

辉煌源于勤慎

回家的日子，也是航天员刘伯明 55 岁生日。

17 日 12 时 43 分，北京飞控中心通过地面测控站发出返回指令，神舟十二号载人飞船轨道舱和返回舱成功分离。

随后，飞船返回制动发动机点火，返回舱和推进舱分离，"太空三人组"正式踏上回家之路。

"返回舱出黑障"，对讲机里再次传来消息。雷达操作手胡长青最先捕获目标——受领任务后，他与队员们在荒无人烟的沙漠腹地苦练三个月，练就一双精准捕获的"鹰眼"。

穿过黑障，就意味着飞船返回舱走完了回家之旅中最艰难的"路程"，进入大气层，与地面的通信联络也将恢复。

万众瞩目下，返回舱向东风着陆场飞驰而来。

13 时 34 分，返回舱在预定区域着陆，落点近乎完美。

这是东风着陆场迎回的第一艘载人飞船。从此以后，"东风"将以主场身份，成为载人飞船出发与回归的母港。

▲ 神舟十二号载人飞船返回舱在东风着陆场成功着陆。（新华社记者 琚振华摄）

"以最可靠、最安全、最温暖的方式迎接航天员凯旋！"为了这一目标，着陆场系统进行了 20 多项技术改造，构建了多专业搜救力量体系，多批次开展战法推演和训练演练。在号称"死亡之海"的荒漠戈壁上硬是蹚出一条条新路。

"我们必须充分预想异常天气、异常地域、异常信息等极端情况，预案多想一层，航天员安全就多一分。"东风着陆场副总设计师卞韩城说。

搜救分队的队员们"开着车像犁地一样"，对着陆区山地、沙漠、盐碱地、梭梭林地、水域进行了全面勘察，并将不同地貌与雨、雪、风、沙、尘等天气现象和夜间、昼间不同时段结合，确定了 6 大类 30 余项可能影响搜救任务实施的关键异常情况。

连年近半百的医生都练出一身直升机索降的硬功夫，一旦地形地貌不符合直升机降落条件，医生们就会像特种兵一样，采取索降的方式着地。

开舱手进行了成千上万次训练，模拟舱门、手柄练废多个；全地形车驾驶员翻沙山、下草甸，从 300 米高的沙坡直冲而下……

"万事俱备，万无一失"，"备而不用，用则必胜"。着陆场系统如此，火箭、飞船、航天员等系统又何尝不是如此。

很少有一项事业，如中国载人航天工程一样，涉及如此众多的专业和领域。据不完全统计，直接参与载人航天工程研制工作的研究所、基地、研究院一级的单位就有 110 多个，配合参与这项工程的单位则多达 3000 多个，涉及数十万科研工作者。他们的名字不为人知，他们的心血，凝结在数十万个零部件与元器件上。

　　正如航天员系统总设计师黄伟芬所说，载人航天真的是"以平凡成就非凡，以无名造就有名"。

　　"特别能吃苦、特别能战斗、特别能攻关、特别能奉献"——一代代载人航天工作者，不论前方后方，不计名利得失，为了一个共同目标，形成了强大合力，凝结成了光耀东方的"载人航天精神"。

　　有光，有梦，有英雄，再看那灿烂星空，最亮的那颗星，在东方。

三名航天员顺利出舱
身体状态良好

编 后 记

　　本书是集纳新华社有关载人航天，尤其是"神舟十二号"的相关报道而成的科普读物。相关配图、短视频的拍摄者、制作者已经在书中注明。编委会还选用了以下作者的稿件（以编文先后排序）：胡喆、陈席元、尚前名、高玉娇、张瑞杰、李国利、黄明、黎云、张汨汨、占康、帅才、张泉、庞丹、赵叶苹、冯玉婧、黄国畅、屠海超、王逸涛、田定宇、米思源、段翰鸿、亓创、邓孟、陈晨、栾海、李奥、李浩、蒋超、谭晶晶、张家伟、沈红辉、薛飞、叶心可、陈俊侠、朱雨博、徐驰、黄一宸、张忠霞、李奥、卞卓丹、白旭、岳东兴、郭爽、张毅荣。特此致谢。

《载人航天》编委会

2021 年 9 月 17 日